中国纺织出版社有限公司

内 容 提 要

本书从减肥者饮食、运动、心理等方面入手，结合作者减肥训练营的案例和实践，给予读者科学的减肥方法。为便于读者更快速地获取减肥知识，作者把自己曾经100天减肥50公斤的心路历程和帮助数万人成功减肥的众多干货，以42天每天一个知识点的形式呈现给读者，旨在帮助读者科学变瘦、轻松变美。

图书在版编目（CIP）数据

42天陪伴式减肥计划 / 张长青著. --北京：中国纺织出版社有限公司，2023. 8
ISBN 978-7-5229-0193-0

Ⅰ. ①4… Ⅱ. ①张… Ⅲ. ①减肥—基本知识 Ⅳ. ①TS974.14

中国版本图书馆CIP数据核字（2022）第254512号

策划编辑：向连英　　责任编辑：刘　丹
责任校对：高　涵　　责任印制：储志伟

中国纺织出版社有限公司出版发行
地址：北京市朝阳区百子湾东里A407号楼　邮政编码：100124
销售电话：010—67004422　传真：010—87155801
http：//www.c-textilep.com
中国纺织出版社天猫旗舰店
官方微博 http://weibo.com/2119887771
北京华联印刷有限公司印刷　各地新华书店经销
2023年8月第1版第1次印刷
开本：710×1000　1/16　印张：16
字数：142千字　定价：68.00元

Preface

序

如果你是以下群体之一，那本书是为你而打造：

1. 减肥总是佛系的朋友；
2. 想减肥而没有信心的朋友；
3. 想减肥而缺乏毅力的朋友；
4. 想减肥而没有科学方法的朋友；
5. 减肥成功之后强烈反弹的朋友。

十多年以前，我是个 125 公斤的胖子。我用 100 天时间减重 50 公斤，减肥成功至今，保持体重不反弹。也许是我惊人的减肥效果，也许是我的这股不服输、不放弃的坚持，我被央视等媒体和北京卫视“养生堂”等众多节目邀请并参加专访，还与全国各地观众一起分享自己减肥的“传奇经历”和“成功经验”。

只有经历过肥胖的人，才最能够理解胖子的苦与乐。喜怒哀乐、酸甜苦辣，凝聚成我们每天的减肥瘦身路。你我彼此并肩作战，用汗水，书写属于我们新

的人生！

为了明天，大家从这一秒开始行动起来！

“胖”友们，在减肥的道路上，你要相信，有你、有我，有希望！

我感谢我的父母。爸爸为了我，每天和我一起吃清淡的饮食，妈妈为了我，每天和我一样坚持做减肥操，在这里，我想对父母说：我心里一直很感激你们的养育之恩，此生有你们这样的父母，是我今生最大的福气。我爱你们。

我还要感谢所有曾经小瞧过我的人，感谢我成长道路中所有的“敌人”。因为是他们的嘲笑让我坚强，让我认清了自己，多年以后你就会发现其实当年有人嘲笑你，你未来才会变得更加坚强，更加坚定减肥的信念。

我更要感谢一直陪伴在我左右的兄弟姐妹般的“胖”友们，包括我的同学、同事等，在我肥胖的人生岁月中，是你们一句句温暖的话语，给了我不懈的斗志。毕竟我们曾有着一样的身材，有着一样的心情，也更容易互相理解对方。现在我减肥成功了，也会一直辅导其他胖友们减肥，希望他们受益。

我也要感谢我的数万学员，这十多年，你们的努力是我保持体重的动力，更是我坚持做减肥事业的动力，当我看到我的线上减肥营里很多 50 岁甚至 60 岁的学员都在为了减肥努力的时候，我想给我的所有学员鞠躬，你们的努力，是为了自己的健康，更是为了自己的未来能够不后悔！

我用了 100 天的时间从 125 公斤减到了 75 公斤，历经节食减肥的失败、运动不当造成的减肥效果不明显等各种情况，最终摸索出一套让我快速减肥而

且又不反弹无副作用的神奇减肥法。

大家看了我的书就会明白，在饮食方面我独创的“彩虹”饮食法原来如此简单，不仅不用节食，还让三餐营养丰富。看了我的书，你还能了解到我独创的在家里就可以轻松坚持的、帮助数万人成功减肥的原地减肥操。如果我的书可以给您一些斗志或者鼓励，帮您了解和掌握一种减肥方法并因此而健康减肥，那就是我最高兴的事。

写这本书，我的目的只有一个，就是站在大众的视角，通过 42 天陪伴式减肥，把我曾经 100 天减掉 50 公斤的心路历程讲述给大家，把我在帮助数万人成功减肥的过程中总结的众多干货分享给大家，让大家通过学习我独创的“彩虹”减肥法和一些运动小妙招，合理饮食、轻松运动！书中也总结了一些健康减肥必须改正的习惯，比如思维习惯、行为习惯、选择习惯、饮食习惯、生活习惯等。

减肥不单纯是体重下降，更是全方位的改变，希望购买本书的你，从今天开始身心都焕然一新，爱上更健康的自己！

接下来的 42 天，大家跟着我快速蜕变吧！

谨以此书献给全天下所有的“胖”友和所有想减肥的人。

张长青

目　录

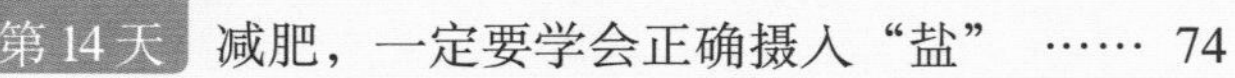

加油！

第 1 天
认清你自己是什么肥胖级别

我曾经很胖，说实话，肥胖曾给我的生活带来很多不便和尴尬，这也是我减肥的动力。

我们每个人年龄不同，体重不同，需要减重的数量也不同，今天是第 1 天，首先你要认清你自己是什么肥胖级别。

拥有一个美好的身材大概是每个人的心愿，尤其是对于女性而言，总是想方设法地希望自己能瘦一点、再瘦一点，这就要求我们必须先了解我们自己的身体，你是什么肥胖级别？你究竟需要减多少？

大家可能都遇到过这种情况，身边的女性朋友天天嘴里嚷着减肥，若是个 70 公斤看着确实有点胖的姑娘，这么实心实意地想减肥也就理解了，但若是个 45 公斤左右的姑娘，你是不是心里就在想，都这么瘦了还减什么啊！再减下去，来阵大风刮跑了怎么办？

凡事过犹不及，减肥也是如此。虽说如今以瘦为美是中国人的审美习惯，

我要减肥！！
小C
加油！坚持！
我要减肥！！
VIVI
再减，小心被风刮走哦

但过于追求纤细感，瘦得像竹竿，不仅不会让人有美的观感，还容易引发一些健康问题，比如厌食症、消化系统问题等。

那么问题来了，我们究竟怎么判断自己是不是真的胖？确实胖的话，要减掉多少才是自己的最优体重？我见过很多减肥的朋友，这两个问题还傻傻搞不清楚就开始盲目地减肥，最终往往以坚持不了中途放弃的状态草草收尾，所以，想减肥，先要了解你自己处于什么级别的“肥胖状态”，知己知彼才能百战百胜，我们一定要充分了解自己，不打无准备之仗，才能收获最终的减肥成功！

判断你是什么“肥胖级别”，要先打破一个误区，那就是胖不胖不仅仅要看体重，还要看身高。举个例子，同样 60 公斤的两个女性朋友小王和小李，小王身高只有 1.5 米，而小李身高有 1.75 米，那两个人呈现给别人的感觉是完全不一样的，对小王来说她就是那个天天嚷着减肥，别人也不觉得奇怪的姑娘，因为她明显超重！对小李来说她就是那个说句我要减肥别人都会纷纷劝阻的姑娘。

所以，到底胖不胖，与体重身高都相关。那有没有简单易行的方法帮我们准确测算肥胖程度呢？当然是有的，那就是 BMI 身体质量指数，它是目前国际上常用的衡量人体胖瘦程度以及是否健康的标准。算法也相当简单，就是体重除以身高的平方，注意体重的单位是公斤不是斤，身高的单位是米不是厘米。

举个例子，一个身高 1.7 米，体重 60 公斤的成年人，他的 BMI 就是 60 除以 1.7 的平方，即 20.76，这个数字有什么意义呢？

BMI 的数值被分为了 4 个区间，代表了不同的肥胖级别。

如果 BMI 数值小于 18.5，其实是过瘦了，适当增重有助于你更健康地美下去。

如果 BMI 数值在 18.5~23.9，那么恭喜你，不胖不瘦正相宜，暂时不用考虑减肥的事。但中国人以瘦为美，除了标准体重还有一个词是美学体重，所以如果为了更加美观，让 BMI 在 23 以内比较好。

如果 BMI 数值在 24~26.9，已经是超重了，这个区间的朋友要抓紧减肥了！

最后，如果 BMI 数值超过了 26.9，那就属于肥胖了，减肥已经迫在眉睫，继续犹豫拖延容易让你的健康和生活状况更糟糕！

最后告诉大家一个小技巧，可通过腰围数值来快速判断是否肥胖，男性腰围超过 85 厘米，女性腰围超过 80 厘米，都可以考虑减肥啦！

BMI 数值的 4 个区间

第 2 天
减肥，一定要有目标、会记录

通过本书的前言，大家应该明白了我是如何减肥成功的了，就是独创了不节食的“彩虹”饮食法合理搭配食材。同时为了避免日后的反弹，也让减肥期间容易适应和坚持，独创了原地减肥操，减肥操在家里就可以轻松坚持。很多“胖”友碍于肥胖不好意思出门，也有很多胖友室外运动坚持不了，所以有一套在家里轻松坚持的减肥操同时兼顾塑形就一举两得了。至于怎么吃和怎么动，接下来我会详细讲解，今天是第 2 天，我建议大家首先除了要认清自己的体重，同时为了更好地坚持，大家一定要有目标、会记录。

目标对于减肥来说，是极其重要的，它可以为我们指明奋斗的方向，提供我们前进的动力，甚至提高我们的精神境界。有了科学的目标，你的减肥事业已经成功一半了。那么减肥目标怎么定才更容易成功呢？相信全世界的减肥者都希望可以“一夜暴瘦”，然而，现实是残酷的。以下内容对你确立一个科学的减肥目标有帮助。

说起制订目标，为了简单推进，我们必须分级，否则只制订一个最终目标，太遥远，有时候并不见得可以坚持到底。所以减肥的目标适合分级调整，逐步推进，制订这个减肥的多层级目标大概分为三级。

理想目标：通过自己的努力完全达到标准体重，成功减重。比如我当初制订理想目标也就是终极目标为减肥 50 公斤，达到标准体重。

周期目标：定了理想目标也就是总目标后，也需要订一个周期目标，比如每周瘦多少、每个月瘦多少等。然后根据每周、每月的减肥情况来推算自己哪周没有很好地坚持，哪周瘦得还不错。

最低目标：在减肥这件事情上，要设置一个最低目标，比如本周减肥低于多少要进行惩罚，下一周就要加倍努力等。

同时，我们制订目标一定要符合自己真实的想法和客观实际。很多时候，我们设置的目标并不是完全出自本心，而是受到了很多外在因素的影响。比如说，因为夏天穿衣服不好看被同事鄙视了，你可能会一咬牙一跺脚定下月瘦 10 公斤的目标，但是心里实际上并不认同这个目标的现实性，也并没有完全做好准备。所以在实际行动时充满抵触情绪，造成了负面的效果。所以，在减肥过程中，我们要制订可实现的目标，同时一定要自我认同这个目标，并且经常将现有成绩与既定目标相比较，来不断调整目标和激发潜能。建议大家根据自己的身体情况制订一个相对合理的目标，比如制订一个月瘦 4 公斤，那么如果这一周没有瘦 1 公斤，那么下一周要更有意识地增加运动、合理控制饮食，争取赶上进度。否则如果每一周都赶不上进度，这个月就完不成既定目标了，所以目标也是激励大家前行的一种有效的武器！

加油！

另外，良好的减肥记录至关重要。减肥记录就是减肥的客观依据，你可以根据自己的记录看出来自己哪里有问题，哪里做得好。如果再配有一些图片，比如饮食图片、定期称体重时的数字照片、减肥前后对比照片等就更好了，这些文字和图片会让减肥动力十足！当你有一天突然发现自己的体重变轻了，体型变完美了，减肥成功了，回过头来再看看，这些记录无疑是你珍贵的人生财富。比如我从 2010 年开始为了帮助更多人成功减肥组建了线上减肥营，大家饮食习惯不同，肥胖原因不同，年龄不同，但每个成功学员都有个共性，就是他们一定会记录好自己的三餐和体重，并且根据记录去调整自己接下来的减肥计划。

比如我们可以留下文字和图片记录。

文字记录：每日写一次文字记录。记录自己每天的运动状况、体重情况、饮食情况，腰围情况、精神面貌和减肥感想等。再加上一些鼓励的话语给自己加加油，有心的同学可以用心细致地写减肥日记。

照片记录：每顿饭都要定时定量吃，且每天的三餐都拍照发朋友圈让大家监督。每周定时拍一张照片发朋友圈让大家点赞。通过照片，朋友们看到你的大肚腩渐渐消失……人鱼线渐渐出现……马甲线若隐若现……最终完美的体型出现的时候，那一刻被众人羡慕的成就感会让你觉得之前的所有努力都是值得的！

有时候人们觉得麻烦，或者觉得没必要就放弃记录，就好比记账，你不记账永远不知道自己哪些钱该花哪些钱不该花，减肥记录也一样，当你记录后就明白哪些该吃，哪些不该吃。通过记录你会发现自己所摄入的热量其实与想象的大不相同。记录可以让我们提高自己的主观能动性，利于找到问题，早日成功！

小小
#减脂餐打卡
认真吃东西
健康减脂
日期
运动
体重(斤)
2.7
2.8
123.5
123
番茄饭
豆芽

“彩虹”饮食法

我们都知道食物有各种颜色，每种颜色的食物都有其独特的营养和食用技巧。我们能做的就是根据自己的饮食爱好和营养法则做好食物搭配，均衡营养。这对我们身体也有很大的益处。接下来就跟大家讲一讲各种颜色食物如何搭配食用能够达到越吃越瘦的目的。因为在我减肥的过程中，我觉得如果学会了饮食的“彩虹”搭配，一定会受益匪浅。

健康的体魄需要各种饮食营养作为支持，怎样吃才能吃得科学，同时营养均衡呢？我在减肥期间严格按照“彩虹”饮食法去吃。它是通过不同颜色的食物搭配，科学地管理膳食的营养，简单来说，就是把食物分成 7 种颜色：红色、黄色、黑色、白色、紫色、绿色、棕色。而每一种颜色代表着不同的植物营养素，故每种颜色的食物保健作用不尽相同。“彩虹”原则所倡导的就是在进食足量种类食物的同时，还需尽量搭配各种颜色，确保一日当中每一种颜色的食物都会被食用。我把上述 7 种颜色的食物分为 7 小节，分别讲述这 7 种颜色食物的健康奥秘以及减肥期间每一种颜色食物推荐吃什么。

第 3 天
“彩虹”饮食法：红色食物

我观察我的学员发现，很多人每天都不会缺乏红色食物，这是因为红色食物种类多，并且其中大多数还是比较适合减肥期间吃的，最关键的是红色比较醒目，一定程度上也吸引大家优先买这类食物，很多红色食物不仅可以养心，还比较有营养，我建议减肥的朋友们，一定要把红色食物加入你的日常餐单中。

红色食物虽然好吃，但大家一定要注意，有些红色食物多吃可以减肥，而有些红色食物贪吃则会肥胖。接下来我就给大家详细讲讲红色食物的奥妙。

这里重点讲一下红色减肥食物的三个代表：番茄、苹果、胡萝卜。

番茄

说起番茄，首先给大家介绍一下番茄为什么可以减肥以及番茄的功效。

番茄也叫西红柿，从减肥效果讲西红柿可以说是“五星级”减肥食物，减肥效果极佳，西红柿热量低、饱腹感强，而且水分多，吃后既解渴又饱腹，而且含有丰富的纤维，有助于清肠排毒，还会吸收我们身体里的胆固醇、脂肪等物质并随大便排出，从而起到减肥、瘦身、排毒作用。并且它的热量极低，多吃也不会增肥，大家可以放心吃。

番茄是减肥食品，吃法也很多，但要减肥效果最好，我推荐大家几种吃法。

1. 饭前吃一个西红柿，这样可以增加饱腹感，减少因为饥饿或者馋而吃正餐的饭量。

2. 如果中午吃得比较多，晚上可以吃 1~2 个蒸煮的西红柿代替晚餐，否则中午吃得多，晚上也不控制，当天的热量就会超标。最好吃蒸煮的西红柿，以免有些肠胃不好的人生吃后胃肠不适。

3. 可以在日常炒菜中加入西红柿，比如西红柿炒蛋、西红柿菜花等，但这些菜注意少油少盐，因为带有西红柿的菜往往比较爽口，为了减肥一定要注意烹饪方法。

4. 自制汉堡。我之前减肥期间经常用两片全麦面包或者两片馒头，中间夹着切好的西红柿片和煎鸡蛋、生菜叶等做成汉堡吃，做法简单，尤其适合上班族当作减肥早餐吃。

5. 番茄饭。顾名思义就是用番茄和米饭搭配成的食物，这样搭配，不仅可以摄入很多蔬菜，酸甜可口，而且减肥效果上佳，我在减肥期间中午经常就吃这样一碗饭，菜饭都有，做法简单。

材料：大米适量，番茄一个，橄榄油、玉米、青豆、胡萝卜、黑胡椒、盐各适量。

番茄饭

大米适量
一个番茄
橄榄油
玉米
青豆
胡萝卜
黑胡椒
盐

具体做法

首先将玉米、青豆、胡萝卜冲洗干净，胡萝卜切成小块，番茄洗净去蒂（这样容易出汁和去皮）。

然后按平时吃饭的量淘好米，水要比平时少一些，因为有蔬菜会出汁水。

在米饭锅里放入 3/4 小勺的盐、1/4 小勺的黑胡椒、两小勺的橄榄油（食用油也可以），混合搅拌均匀，把一整个番茄放在电饭锅正中，按下煮饭按钮即可。

饭熟了后将番茄去皮，用饭勺搅拌，一碗颜色鲜艳、酸甜可口的番茄饭就这么轻松诞生了。当然，根据自己的爱好，也可以添加其他蔬菜。

西红柿虽好，但大家也要注意，即使是作为晚餐，也最好晚上七点之前吃。很多人喜欢吃凉拌西红柿，注意一定不要额外放糖。

很多人喜欢减肥期间只吃西红柿，注意这属于节食，日后容易反弹。所以，大家需注意，西红柿只是减肥期间一日三餐食材的一种，可以适当多吃，而不是只吃西红柿。

苹果

再来给大家讲讲吃苹果的好处。

俗话说：“一天一苹果，医生远离我。”可见苹果的作用多么强大。苹果所

五星级减肥食物 苹果

早餐

一碗粥　　一个苹果

一个鸡蛋

1. 餐后2小时吃
2. 晚上/睡前尽量不要吃

含的营养既全面又易被人体消化吸收，适合各类人群食用。从减肥的角度考虑，苹果是“五星级”减肥食物，有以下三个原因：

首先，苹果热量不高，饱腹感强，是减肥佳品。

其次，食用苹果能促进通便，缓解便秘。

再次，苹果的钾元素多，可以防止腿部水肿。

此外，苹果酸甜可口，比较好吃，也是减肥期间大家喜欢的食材之一。

苹果好处多多，也利于减肥，但要减肥效果最好，我推荐大家几种吃法：

1. 苹果适合早餐吃。 喝一碗粥，吃一个鸡蛋，同时吃一个苹果，饱腹感强、营养丰富、卡路里低。

2. 上下午加餐吃苹果，缓解下一餐前的饥饿。当作上下午零食吃即可，注意是早餐或者午餐后 2 小时吃比较好，不要饭后马上吃苹果，当食物进入人体以后，需要一定的时间来消化，若是立即吃水果可能会引起便秘或者是腹胀，所以苹果需要在饭后 2 小时再吃，这样既能促进肠胃的蠕动，还不会给肠胃增加负担。

但注意，毕竟苹果含糖，最好不要在晚上吃或者睡前吃。因为消化器官还未将苹果完全消化就进入睡眠状态，果糖就会堆积在体内，易造成肥胖。

同时，很多人以苹果代饭吃，这是错误的，通过只吃一种食物来达到减肥的目的，这就好比我们盖一栋楼，必须要有钢筋、水泥、砖瓦等许多材料才能建得又结实又好，而如果只用一种材料，比如只用水泥来建房，就容易坍塌。我们的身体就像一栋楼，如果只靠吃苹果，营养就不均衡，内分泌就会紊乱，反而影响代谢，就会使你越吃越胖。可能虽然短期节食瘦了几斤，但日后你一旦吃一些其他食物，就会立马反弹。

而且我建议大家，吃苹果一定要吃整个苹果，最好不要榨汁，一杯苹果汁没有粗纤维，等于把好几个苹果的糖分一起摄入了，还不扛饿，不利于减肥与健康。

胡萝卜

胡萝卜自古就是一种食用价值很高的食物，有很多健康功效。比如胡萝卜中含有丰富的胡萝卜素，胡萝卜素有护眼的功效，当然还有保护肝脏、预防心血管疾病等很多好处，尤其适合上班族或者学生多吃。

从减肥效果讲，胡萝卜可以帮助肥胖者降低胆固醇，对防治高血压也有帮助。胡萝卜中的丰富的植物纤维具有很强的吸水性，可以起到通便润肠的作用。且这些植物纤维也能加快你的新陈代谢。容易发胖的人，大多是因为代谢能力低，循环功能不佳，结果就让多余的脂肪及水分累积在体内，日积月累就成了肥胖的元凶。而经常食用胡萝卜就可以切断这种恶性循环。

除了以上三种，还有一些常见的红色食物，我们可以适当地吃，因为多吃也会发胖。

比如西瓜，很多人的夏天大概就是：捧着冰镇的西瓜看电视剧吹空调。我身边就有很多这样的朋友，为了减肥，晚餐拒绝一切美食的诱惑而只吃西瓜。我减肥营里有一个学员小胡，她是学生，刚放暑假决定减肥，希望新学期自己可以焕然一新。她在网上看到吃水果可以减肥，于是她便每晚只吃半个西瓜，不吃主食。起初很有效果，体重也减了二三公斤。可是好景不长，半个月后，

胡萝卜
胡萝卜中含有丰富的胡
萝卜素
胡萝卜素有护眼的功效，
当然还有保护肝脏，预
防心血管疾病等很多好
处
尤其适合上班族或者
学生多吃

她感觉胃疼得要命，不得不去医院住院治疗。结果恢复了几天正常饮食，回家后一称体重反倒比原来更重了。于是她不敢再折腾了，就报名减肥营希望跟着我学习科学的饮食和运动方法健康减肥。

小胡的经历其实告诉我们，吃西瓜减肥是不健康的。西瓜其实是很容易让人肥胖的食物，西瓜的 GI 值为 72，属于高升糖指数的水果。虽然西瓜卡路里为 25 千卡 /100 克，看起来不算高，但西瓜重量大，不可能有人吃西瓜只吃 100 克，很多人吃西瓜一吃就是四分之一个或者更多，所以摄入量多，总卡路里就会高。比如 1/4 个西瓜的热量大约跟 1~2 碗米饭的热量相近，如果每天正常吃饭的基础上再吃 1/4 甚至半个西瓜，肯定会让人长胖。

西瓜水分也大，如果希望减肥，最好饭前吃而不能饭后吃。喝任何的汤水也是一样的，很多人喜欢饭后吃瓜，或者边吃饭边吃瓜，其实都是错误的。边吃边喝的习惯是很容易肥胖的。需要提醒大家的是，如果长期只吃水果，会导致月经不调、血压降低、头发分叉等，还会导致蛋白质和铁的不足，引起贫血、免疫功能下降等问题。

那么喜欢吃西瓜的朋友怎么吃最减肥呢？

1. 少吃西瓜中间含糖多的部分，适当选择红白相间的瓜或者西瓜皮来吃。
2. 在夏天，建议可以用西瓜皮做菜，不但爽口，而且美容又减肥。
3. 饭前吃瓜可以减少部分饭量，千万别饭后吃瓜。
4. 严格控制分量，减肥人群每次不超过 200 克，吃完一定要多运动。

你能想到
哪些黄色食物呢
黄小米

第 4 天
“彩虹”饮食法：黄色食物

“彩虹”饮食法的精髓就是各种颜色的食品都可以依据自身喜欢的色彩和口味来搭配食用，这样才健康，才能发挥食物最大的营养价值。黄色食物包括一系列由橙到黄的食物，种类非常多。

黄色食物是我的最爱，因为我从小就爱吃水果，而黄色水果个人觉得最好吃了，比如橘子、橙子、菠萝，都酸甜可口。而且我是山西大同人，山西主食种类比较丰富，比如黄色的常见主食有小米粥、黄米面做的黄糕，还有各种莜面的食物，如莜面鱼鱼、猫耳朵等。接下来，我给大家推荐一些减肥、好吃的黄色食物。

减肥期间的黄色食物代表：柚子、黄豆芽、玉米、南瓜。

柚子

柚子从减肥的效果看，每 100 克柚子所含热量为 42 千卡，属于减肥期间可以吃的水果。柚子是柑橘类的水果，富含维生素 C，含有丰富的纤维素，易

好饿啊~
吃哪个呢？
蜂蜜柚子茶
柚子
巧克力
薯条
虾条
虾条
饼干

产生饱腹感，常吃可以缓解便秘。柚子含有大量的钾元素，钾元素有利于身体排出多余水分，可消水肿利尿，是减肥人士的好帮手。

饭前吃 100~200 克柚子：在用餐前吃 100~200 克柚子，中等柚子可以吃 1/4。酸酸甜甜的柚子可以有效帮你控制食欲，让你少摄取些米饭、菜类。还有柚子也能吸收摄入的油脂，不易造成脂肪、油脂堆积。

把柚子当零食：在减肥的过程中，通常会感觉自己饿得很快，很想吃东西，这时你可以将柚子当作零食来吃。把巧克力、饼干、膨化食物全部抛开，让酸酸甜甜的柚子成为你瘦身的好帮手。

当然，市面上有很多类似蜂蜜柚子茶这样的饮料，放了很多糖、奶，建议减肥期间尽量少食用。

黄豆芽

黄豆芽营养丰富，可以健脑、缓解疲劳，也是美容食品。常吃黄豆芽可以使头发保持乌黑光亮，对面部雀斑也有较好的淡化效果。黄豆在发芽过程中，黄豆中使人胀气的物质被分解，有些营养素也更容易被人体吸收了。

肥胖者一般胆固醇高，多吃黄豆芽可促进胆固醇排泄，防止其在动脉内沉积，对肥胖者健康有利。且黄豆芽含有丰富的蛋白质，有“植物肉”的美称。人体如果缺少蛋白质，会出现免疫力下降、容易疲劳的症状。吃黄豆芽补蛋白质，可避免吃肉补蛋白质而导致的胆固醇和血脂升高的问题。

有些肥胖者体质很差，经常劳累懒惰，黄豆芽中的蛋白质可以增加大脑皮层的兴奋和抑制功能，提高学习和工作效率，还有助于缓解沮丧、抑郁的情绪，让肥胖者充满精力地应对减肥和生活。黄豆芽的卡路里非常低，但含有的植物纤维还不少，经常吃有利于肠胃的蠕动，能够解决便秘的问题。豆芽吃的方法很多，减肥的朋友可以水煮、可以凉拌，也可以炒菜。

推荐给大家几个我减肥期间常吃的减肥豆芽菜谱。

1. 醋熘豆芽，美味爽口。
2. 豆芽拌魔芋，饱腹感强，卡路里低。
3. 凉拌豆芽，清淡简单。

玉米

黄色的主食比较多，比如小米、黄米面等，但我主推玉米，我在减肥期间重视荤素搭配、粗细搭配，而粗细搭配的主食我首选的粗粮就是玉米，因为玉米热量特别低而且矿物质和纤维素的含量十分丰富，玉米中的粗纤维要比精面、精米高出 4 ~ 10 倍，所以玉米饱腹感强，吃了玉米后很少感觉到饿，还可起到清肠、排毒的作用。

建议减肥的朋友或者有便秘的朋友把玉米加进日常餐单。

玉米有以下几种吃法可以推荐：

1. 早晨或者晚上吃一根玉米代替一部分主食。
2. 中午蒸米饭放些玉米来做到粗细搭配。
3. 做一些玉米糁或者玉米粥早餐喝。

豆芽菜谱
醋
凉拌豆芽
醋熘豆芽
豆芽拌魔芋

需要注意的是，玉米是一种碳水化合物，可以代替一部分主食，但有部分肥胖者玉米和精米细面一起都吃多了，那就不利于减肥了，比如吃排骨炖玉米，米饭也吃了，排骨也吃了，里边的玉米也当菜吃了，就容易卡路里超标。

南瓜

同样的黄色食物，玉米适合减肥，而南瓜也是很多朋友减肥期间经常吃的食物。

南瓜好吃、便宜，还对身体益处多多！从减肥的效果看，南瓜不具有高热量，而淀粉的含量又较多，吃过具有饱腹感，因而能控制饮食，代替一部分精米精面使人更健康。南瓜中含有的膳食纤维，能够促进排泄、缓解便秘、清除毒素。南瓜中含有的膳食纤维果胶可以吸收脂肪，防止脂肪被身体吸收。大多数人在减肥的时候，摄入的营养不科学不平衡，会使皮肤变得干燥和粗糙，而南瓜中含有的维生素可以滋润皮肤，较好地防止皮肤受到损害。

但南瓜一定要注意吃法，建议大家用南瓜替代一部分大米白面，蒸煮吃或者做南瓜饭。

南瓜饭

食材：南瓜，米饭适量，鸡蛋1~2个，西红柿1个，葱、胡椒粉适量

做法：

1. 切去南瓜顶部，挖出南瓜瓤，把南瓜上蒸锅蒸10分钟。

2. 西红柿划十字刀形，放入热水中烫1分钟后，取出剥掉表皮。

3. 西红柿切丁，葱切葱花。

4. 打两个鸡蛋，搅拌均匀后加少许盐。

5. 将隔夜剩米饭和蛋液混合均匀。

6. 锅中倒油，加入葱花并倒入米饭翻炒。

7. 倒入西红柿丁翻炒，然后加入盐、胡椒粉，炒均匀。

8. 最后将炒好的饭盛入蒸好的南瓜盅里，香喷喷的南瓜黄金饭出炉！

功效：这样既当主食又当菜的饭很养生，首先南瓜的胡萝卜素含量居瓜中之冠，其中的果胶可以提高米饭的黏度，使糖类吸收缓慢，可以替代一部分主食且卡路里很低，也适合糖尿病患者食用。其次，南瓜中的膳食纤维有通便作用，可以减少粪便中毒素对人体的危害，防止肠癌发生，有很强的保健功效。

第 5 天 “彩虹”饮食法：黑色食物

黑色食物，种类不算很多，所以大家容易忽略。能够让我们马上想到的可能是一些零食，比如巧克力、黑森林蛋糕，黑芝麻糊等。但大家不要误会了，此黑色非彼黑色，真正对我们健康有帮助的是以下这些天然的黑色食物。

木耳

这是我极力推荐大家吃的食物之一。木耳所含膳食纤维量很高，膳食纤维具有很强的吸水能力，在胃中表现为增大内容物的容积、增加饱腹感，减少人们的食物摄入量，而且木耳可以通便。

我在减肥过程中，每周要吃 2~3 次木耳，比如木耳炒蛋、凉拌木耳、木耳白菜等，木耳的做法很多，味道好又通便，是减肥的好帮手。

黑豆

李时珍在《本草纲目》里提到，“豆有五色，各治五脏”。黑色食物里，唯

黑色食谱

木耳炒蛋
凉拌木耳
木耳白菜
蒸的大米中加入黑豆
凉拌海带
海带豆腐汤
海带炖肉

黑豆+米

鸡蛋+木耳

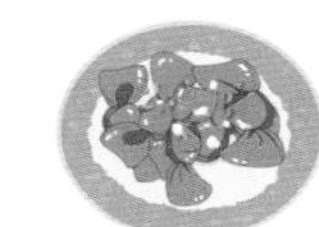

凉拌

凉拌

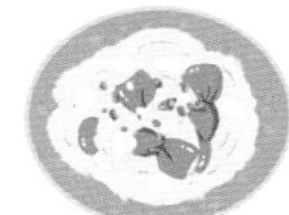

海带+豆腐

白菜+木耳

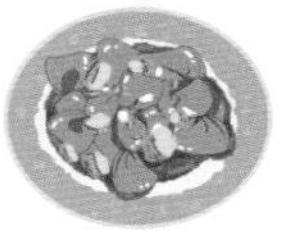

海带+肉

一的豆类是黑豆，黑色的食物有利于增补肾脏机能，还有促进血液循环、利尿、解毒的作用。黑豆的抗酸化能力强，不仅可以沉淀腹部脂肪，还能减少血液当中的胆固醇和中性脂肪含量，有效地防止血糖值急剧上升。

为什么黑豆适合减肥期间吃?

由于黑豆的膳食纤维可以长期停留在胃部，所以饱腹感能持续较长时间，从而抑制食欲。而且，这种膳食纤维还有改善便秘，帮助身体排除废旧物和毒素的作用。另外，由于黑豆中含有丰富的优质大豆蛋白质，而大豆蛋白质当中又含有减肥必需的一种氨基酸，可以有效地调整体内的胆固醇含量，防止身体发胖，还有良好的抗衰老作用。我在减肥期间经常会在蒸米饭的时候放些黑豆，或者早餐时打黑豆豆浆喝，饱腹感很强而且非常有营养。

海带

海带是我推荐大家减肥期间多吃的黑色食物之一，主要有以下几个原因。

1. 海带一直被人们称之为人体肠道的“清道夫”，海带含有丰富的纤维素，可以帮助人体有效地清除体内的毒素和垃圾，防止便秘。

2. 海带是一种低热量的食物，大家可以放心吃。

3. 海带中含有大量的碘，是众多食材中碘含量最多的食物之一。碘能够有效地促进我们身体中甲状腺机能的快速提高，对于热量消耗及加快新陈代谢有着重要的作用。新陈代谢快，减肥效果就好。

4. 海带中还含有丰富的钾，钾离子能够有效地帮助我们身体进行多余的水分代谢，可利尿消肿，修饰身体曲线。

推荐给大家一些海带减肥的吃法

1. 凉拌海带，清淡的凉拌菜尤其适合夏天吃，无论是早餐还是晚餐都可以，做法简单好吃。

2. 海带豆腐汤，豆腐和海带饱腹感都很强，做一碗汤可以缓解饥饿还很有营养。

3. 海带炖肉，减肥期间可以荤素搭配，但要注意多吃海带，千万不要只吃肉。

第 6 天

“彩虹”饮食法：白色食物

白色食物种类比较丰富，但有些白色食物不建议大家吃，比如奶油等，尤其是反式脂肪酸，一定要禁止摄入。在这里告诉大家一个常识，买任何东西首先看看食物配料表，如果出现人造黄油、植物黄油、人造奶油、植物奶油、奶精、植脂末、麦淇淋、氢化脂肪、精炼植物油、代可可脂等配料时，说明食物中可能含有反式脂肪酸。反式脂肪酸是不利于人体健康的不饱和脂肪酸，过多食用可能会造成肥胖。

白色食物还有一些是肉类，比如鱼虾等，这些建议大家在减肥期间正常摄入，因为荤素搭配是必要的，没有必要为了减肥节食或者纯素食，适当的脂肪是有益的。白色蔬菜，比如银耳、白萝卜、冬瓜、山药、魔芋等，都很适合减肥期间食用。

冬瓜

冬瓜中含钠较低，有明显的利尿作用，可消耗体内脂肪和多余水分，冬瓜中的膳食纤维含量很高，能刺激肠胃蠕动，使肠道堆积的有害物质尽快得到排泄。且冬瓜所含的 B 族维生素能加速将糖类、淀粉转化为热能，从而减少体内脂肪，对防止人体发胖有很重要的作用。

冬瓜有以下几种吃法可供减肥期间的朋友参考。

1. 冬瓜汤，但注意要清淡些。
2. 冬瓜虾仁，荤素搭配，卡路里低，注意低油低盐。
3. 清炒冬瓜，饱腹感强，做法简单。

很多人会把冬瓜做成红烧冬瓜，或是肉炒冬瓜等各式各样的料理，但这样做并不一定能减重，反而可能增肥，因为如果吃的口味太重或者炒菜太油腻，一样会使体重增加。所以，把冬瓜蒸着吃或凉拌或者水煮，尽量少加调味料或其他易胖食材，才可以发挥冬瓜原有的减肥功能。不过，冬瓜性味偏凉，不宜经常食用，以免积寒而对脾胃不利。如果希望中和冬瓜的寒性，炒菜或者水煮时可以放入性热的生姜、葱白，煮粥时可放入性温的红薯一起煮，都能达到暖胃的作用。

山药

山药为什么能减肥?

第一，山药中含有大量的膳食纤维，山药黏液中的甘露聚糖肽是可溶于水的半纤维素，这些纤维素遇水可膨胀 80 到 100 倍，因而可增加饱腹感，从而减少更多热量的摄入，阻止糖分和脂肪的吸收及转化。

冬瓜菜谱

YES

冬瓜汤
冬瓜虾仁
清炒冬瓜

冬瓜汤

清炒
冬瓜

冬瓜

虾仁

NO

红烧冬瓜
肉炒冬瓜

红烧
冬瓜

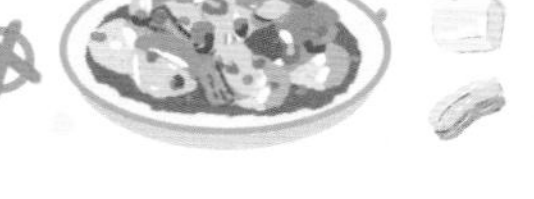

冬瓜
炒肉

第二，山药的黏液蛋白可预防心脑血管系统的脂肪沉淀，使血管更具弹性，防止动脉血管粥样硬化，减少皮肤脂肪沉淀。

第三，山药的热量很低，又含有大量的维生素和微量元素，可加速肠道蠕动，快速排出体内毒素及垃圾，减少便秘，加速新陈代谢，从而帮助瘦身塑形。

第四，山药中含有一种消化酶，可以分解食物中的蛋白质及淀粉，能有效防止脂肪的产生和沉淀，长期食用，可塑造完美体型。

推荐吃法：

1. 蓝莓山药，注意最好用鲜蓝莓。
2. 蒸煮山药吃，简单且热量低。
3. 炒菜，比如山药木耳，饱腹感强，缓解便秘。

魔芋

魔芋虽然有芋字，但它可不是薯类，反而减肥“魔力”十足。薯类通常以淀粉为主，而魔芋的营养成分中最值得称道的就是可溶性膳食纤维，以一种叫“葡甘聚糖”的多糖类物质为主。葡甘聚糖本身几乎没有热量，不仅能促进肠道有益菌的生长繁殖，还可以软化粪便，预防便秘。而且能“顺带”吸附一些有毒有害物质和过多的胆固醇、脂肪等，随粪便排出体外。

魔芋膳食纤维高，且脂肪含量很少、热量低，100 克魔芋粉的热量只有 13 卡路里，所以，减肥的人可以吃一些魔芋来帮助减肥。

山药
1.丰富的膳食纤维
2.热量低
3.丰富的维生素和微量元素……
推荐吃法:
木耳+山药
蓝莓+山药

魔芋虽然本身无脂、低热量、低钠，但是如果在烹调过程中加入的油盐过多，同样会导致盐和脂肪含量攀升。所以，魔芋最好凉拌或用少量的油炒制，才能真正起到控制体重的目的。用魔芋粉与玉米面、蔬菜等搅和在一起摊饼吃也是很不错的主意。很多肥胖者喜欢吃粉条，而粉条吃多了或者烹饪方式油腻就容易发胖，用魔芋代替粉条也是一种很不错的选择。

第7天
“彩虹”饮食法：紫色食物

生活中的果蔬种类繁多，按照颜色可以分为深色和浅色两大类。其中，紫色果蔬属于深色果蔬中的一员，它富含胡萝卜素，而且许多紫色食物花青素含量丰富，而花青素具有抗氧化功效，曾被誉为“口服的皮肤化妆品”。摄入一定量的花青素，能使视网膜细胞产生视紫质，增强眼睛对光感的适应能力，有助于缓解眼睛疲劳。此外，花青素对心血管有一定的保护作用，可预防高脂血症、动脉粥样硬化。

紫色食物不算多，但也涵盖蔬菜、水果和主食，比如紫薯、紫米、紫苏、紫甘蓝、茄子、蓝莓等。

在这里我重点推荐两种食物。

茄子

茄子是为数不多的紫色蔬菜之一，也是餐桌上十分常见的家常蔬菜。它的紫皮中含有丰富的维生素 E 和维生素 P，这是其他蔬菜所不能比的。很多人也

茄子菜谱
YES
茄子炖白菜
蒜蓉蒸茄子
炖
NO
红烧茄子
干煸茄子
烤茄子
地三鲜

知道茄子有营养，也特别爱吃茄子，但不敢吃，因为它是“吸油大户”。其实，吃茄子是减肥还是长胖，关键要看你怎么烹饪。

像常见的红烧茄子、干煸茄子、烤茄子、地三鲜等，它们在烹饪过程中，会因茄子疏松多孔的结构而吸收大量的油脂，成为一道“吸油菜”，让你不知不觉长胖。然而，如果采用清蒸或者大火快炒的做法，茄子吸收的油脂并不多，同时它还富含膳食纤维，能增强饱腹感，降低膳食中的脂肪和胆固醇的吸收，适当地吃可以达到减肥的效果。

减肥期间吃茄子时，最好采用快炒或者炖菜或者清蒸的方式，比如蒜蓉蒸茄子、茄子炖白菜等。

蓝莓

蓝莓在全世界都是非常受欢迎的减肥水果，它受欢迎的原因不单单是具有非常明显的减肥功效，同时它还聚集了多重养生功效。蓝莓作为含花青素成分较多的紫色系水果，可以驱除眼睛疲劳，有效保护视力，还能够修复受伤的胶原蛋白和弹性纤维，是一种强大的抗氧化剂来源，被誉为抗氧化水果之王。从减肥的角度看，每100克蓝莓的卡路里为57千卡，蓝莓的GI值为34，属于低升糖水果，是减肥期间可以吃的水果。

蓝莓营养丰富，不但能满足人体所需的营养，还有抗氧化等重要的保健作用，而且几乎是零脂肪食物，蓝莓富含的膳食纤维也有助于排毒减肥，可以说是减肥者应该多吃的食品。定期食用蓝莓可以降低血糖、降低血脂、降低血压和降低胆固醇，同时还具有平补脾胃、增强食欲等保健作用。蓝莓也是医学界公认的糖尿病患者可食用水果之一，能够增强胰岛素的敏感性，帮助缓解由毛细血管免

蓝莓
1. 丰富的花青素
2. 缓解眼睛疲劳
3. 改善视力
4. 抗氧化
……
推荐吃法：
面包里边夹蓝莓
蓝莓山药
一小碗蓝莓

疫失调、糖尿病引起的血糖高等症状。更重要的是蓝莓可以分解现有脂肪细胞，防止新脂肪细胞的形成，促进新陈代谢，因而成为名副其实的“减肥水果王”。因此，在运动锻炼减肥的同时，多吃蓝莓可以使瘦身效果更为明显。

蓝莓吃法很多，食用蓝莓的最佳时间可以是在早餐的时候夹在面包片里吃。也可以上下午加餐时吃，比如下午加餐吃，利用蓝莓的饱腹感可以代替一部分晚餐，不仅能够为身体提供各种营养，还能促进体内新陈代谢的速度。或者大家可以做现在流行的一道菜——蓝莓山药，但注意一般饭店的蓝莓山药都是放很多糖或者蓝莓酱，而单独加糖或者果酱都会增肥。所以接下来我给大家推荐一道减肥版的蓝莓山药。

蓝莓山药

原料：山药、蓝莓

做法：

1. 将山药洗净去皮，清洗干净后切段。
2. 山药上锅蒸软后放入碗中晾凉，用勺子将其压成细腻的泥状。
3. 将一部分蓝莓压出汁浇在山药泥里。
4. 将浇好汁的山药泥按个人喜好摆出造型，再放几颗蓝莓点缀即可。

蓝莓的果胶含量很高，能有效降低胆固醇，防止动脉粥样硬化，促进心血管健康。山药中的黏液蛋白，可以有效防止脂肪沉积，丰富的纤维，也容易让人产生饱胀感。这道菜我们注意要用新鲜蓝莓而不是果酱，并且不要额外添加糖。

第8天
“彩虹”饮食法：绿色食物

在各种颜色食物中，绿色食物至关重要，大家都知道蔬菜是很健康的食物，它含有较少的热量，有营养又利于减肥，经常吃蔬菜能促进健康，这已是一个不争的事实。蔬菜的营养价值与蔬菜的颜色有十分密切的关系。一般颜色深的蔬菜营养价值高。当然我们讲究食物种类多样化，每天吃的食物尽量五色俱全，而无论是食物的营养还是种类，绿色蔬菜一定是最多的。接下来给大家讲讲绿色蔬菜的食用法则。

绿色蔬菜有很多，常吃的有芹菜、生菜、菠菜、油菜、西蓝花、青椒、豆角、秋葵等。这些蔬菜都可以替换吃、均衡吃，在这里我重点说一下黄瓜。

说起黄瓜，我相信十个减肥的人有九个都试过吃黄瓜减肥。黄瓜对减肥有没有帮助呢？如果对减肥有帮助，那该怎么吃黄瓜才能更好地瘦身呢？

黄瓜可以瘦身的原因及正确吃法

黄瓜的营养很丰富，除了含有大量的水之外，还有维生素、胡萝卜素，以及少量糖类、蛋白质、钙、磷、铁等人体必需的营养素。其中的纤维素对促进肠胃蠕动和加快排泄、降低胆固醇有一定的作用。还可以清热、解渴、利尿、消肿。

黄瓜也是难得的排毒养颜食品。黄瓜能美白肌肤，保持肌肤弹性，抑制黑色素的形成。经常食用或贴在皮肤上可有效地对抗皮肤老化，减少皱纹的产生。而黄瓜所含有的黄瓜酸能促进人体的新陈代谢，排出体内毒素。黄瓜中的丙醇二酸能抑制体内糖分转化为脂肪，从而达到减肥的功效。换言之，多吃黄瓜就能防止脂肪的增多。日常生活中，可以把黄瓜当水果吃。既能充饥，又能解馋，而且饱腹，热量又低，是减肥佳品。黄瓜可以生吃，可以炒菜，可以煲汤，是减肥的好食材，但如果只吃黄瓜减肥，属于节食，那就大错特错了。减肥一定要注意营养均衡。说起营养均衡，我们摄入蔬菜就一定要学习一下“3–2–1”蔬菜模式。

“3–2–1”蔬菜模式

“3–2–1”蔬菜模式的含义分为两个层面：一种含义是指数量上。大家记住，减肥一定要多吃蔬菜，那么吃多少合理呢，一般我们摄入蔬菜的量要包括300 克绿叶菜、200 克其他类别蔬菜以及 100 克菌菇类，这样算下来，每天最好能吃到 600 克左右的蔬菜。另一种含义是指种类上。每天按照 3 种绿色菜、2 种其他颜色蔬菜、1 种菌菇类的配比去选择蔬菜，能够达到 6 种及以上种类

3-2-1蔬菜模式
3 绿色蔬菜
2 其他颜色
1 菌菇蔬菜
秋葵
芹菜
生菜
西兰花
青椒
洋葱
茄子
胡萝卜
冬瓜
西红柿
海带
银耳
蘑菇
香菇
木耳

的蔬菜摄入最理想。

按照“3–2–1”蔬菜模式去搭配食谱，可以多摄入蔬菜而少吃很多易肥胖的食物，不会缺乏维生素和营养，还不会造成热量超标，有利于控制饮食减轻体重。

那么，哪些蔬菜属于“3”，哪些属于“2”“1”呢？

“3”是绿色蔬菜，像上面提到的芹菜、生菜、油菜、西蓝花、青椒、秋葵等就属于绿叶菜。这类蔬菜体积较大、热量密度较低、微量元素含量很丰富，饱腹感好，可以作为减肥期间的首选。

“2”是其他颜色蔬菜，是指茄子、西红柿、萝卜、冬瓜、洋葱等其他颜色蔬菜的类别。它们富含维生素、膳食纤维及其他微量元素等。虽然不是绿色，但营养丝毫不逊色。

“1”是菌菇类蔬菜，包括蘑菇、香菇、木耳、银耳、海带等，味道鲜美。菌菇类蔬菜每天三餐最好吃一种，它们热量低，还是其他颜色蔬菜的好搭档。

值得一提的是，土豆、地瓜、莲藕、山药等根茎类蔬菜未出现在“3–2–1”蔬菜模式之列。这是因为其淀粉含量较高，可以替代一部分主食，但想要减重的小伙伴不可食用太多。

第 9 天
“彩虹”饮食法：棕色食物

棕色食物大多是一些菌类，比如香菇。菌类食物富含膳食纤维，膳食纤维就像一小块海绵一样，可保持肠内水分平衡，还可吸收余下的胆固醇、糖分，将其排出体外。不但能改善便秘问题，排出体内毒素和废物，同时还能降低胆固醇，防止动脉硬化，对预防便秘、肠癌、动脉硬化、糖尿病等都十分有利。比如木耳里就含很多可溶性纤维，能帮助控制胆固醇。菌类食物品种很多，吃起来也不单调，如香菇、金针菇、平菇等，它们的卡路里都相当低，有的每 100 克仅含 10~30 卡，热量比胡萝卜还低。这些不同种类的菌类食物都含有丰富的矿物质、纤维质、维生素等营养成分。所以，对于想要减肥还希望补充丰富营养的朋友来说，菌类绝对是一个最佳的选择。

香菇

香菇是我国比较传统的食用菌类之一，因其含有一种特有的香味物质——香菇精，能形成独特的菇香，所以被称为“香菇”。香菇含有一种抗肿瘤成分——香菇多糖，也有降低血脂和抗病毒的功效，是不可多得的保健食品之一。据《庆元县志》记载，明太祖朱元璋建都南京时，正巧遇到旱灾，于是戒荤食素祈求苍天下雨，他以往吃惯了鸡鸭鱼肉，面对满席素菜一时不愿下筷，毫无食欲，当厨师端上一盘香菇时，朱元璋闻之清香，顿时食欲大开，称赞不已，于是他传旨宫中常备香菇，香菇由此身价百倍，成为著名的宫廷贡品。同时由于香菇营养丰富，香气沁脾，味道鲜美，素有“菇中之王”“蘑菇皇后”“蔬菜之冠”的美称，也是“山珍”之一。接下来我们就来了解一下香菇的功效以及饮食禁忌。

香菇具有降血脂、降血压的功效，香菇中含有的香菇素能够溶解胆固醇，起到降血脂的作用，而香菇中部分物质也可以起到降压的作用，预防动脉粥样硬化、肝硬化等。肥胖人群多“三高”，多吃香菇有助降压降脂。香菇也有丰富的膳食纤维，经常吃有利于清除宿便，预防便秘。对于女性来说，香菇能起到延缓衰老的功效，是一种不可多得的美容蔬菜。

推荐给大家几种香菇的减肥吃法：

1. 香菇加西芹，具有降压减脂的作用。

2. 香菇加豆腐，健脾养胃，增加食欲。

3. 香菇加鸡腿，荤素搭配，蛋白质有效补充，对缓解头晕眼花、疲劳无力、失眠等有很好的作用。

4. 香菇加薏米，健脾利湿，理气化痰。

香菇宜荤宜素，既可作主料，又可作配料，适宜于卤、拌、炝、炒、烹、炸、炖等多种烹调方法，用它能做出许多美味可口的减肥菜肴。因此，香菇是想用饮食减肥的朋友们的最佳选择之一！

栗子

棕色食物里，很多人喜欢吃糖炒栗子，但又不敢吃，总觉得坚果类食物容易发胖。在这里我告诉大家，减肥期间可以吃板栗，但是要控制食用的量，毕竟板栗属于一种热量比较高的食物，并且板栗最常见的加工方式就是糖炒栗子，吃多了容易发胖。

每 100 克熟栗子大概含有 220 千卡的热量，是米饭的两倍，但是比其他坚果要低得多。同属坚果类，栗子中的油脂含量比核桃、榛子、杏仁要低得多，但是淀粉和碳水化合物的含量比较高。当然板栗的维生素含量还是可以的，所以减肥期间可以适量食用。而且适量吃的话，栗子可以供给人体比较多的能量，能够促进脂肪代谢，对减肥有一定的好处。

板栗怎么吃减肥

1. 在两餐之间吃。栗子容易产生饱腹感，吃过栗子以后饭也会吃得少一些，因而吃栗子的最佳时间是在两餐之间。

2. 适量减少主食。一餐当中，主食主要提供碳水化合物，而栗子富含碳水化合物，可以抵消部分主食。因此，在吃过板栗后，需要减少主食的量，避免碳水化合物摄入过多。

今天可以吃
糖炒栗子啦！

3. 板栗最好不要作菜肴。板栗本来的热量并不低，如果作为菜肴用盐、油去调味，板栗的热量就会变得更高。

4. 控制好量。减肥期间在控制好三餐总热量的前提下，适当吃 5~8 颗板栗，是基本没问题的。

第10天
滴油不进到底可取吗

说起油脂，减肥应该低油低脂，但很多人犯的错误是，减肥期间经常滴油不进。食物中的油，来自动物、植物等动物脂肪和植物脂肪，比如各种烹饪油、肥肉等，或者奶制品、蛋类、豆制品、坚果类等。任何食物适当吃都是必要的，但不要太多，很多人减肥滴油不进，就会造成人体营养不良，身体消瘦，甚至危及生命。

之前有个学员尝试过很多减肥方法但怎么都瘦不下来，尤其是肚子。其实她体重并不重，身高 1.65 米，体重 60 公斤。但是她总是在乎自己的体重，经常尝试单一食物减肥或者定期断食。她为了尽量不摄入脂类物质，肉和油都基本不吃。其实她只是有点小腹隆起，她需要通过锻炼瘦腰腹，比如瘦腹部减肥操来塑形。但她经常控制饮食，导致控制血糖数值的胰岛素或升糖素等这些重要的内分泌失调。

而这两种内分泌失衡，身体会启动储备的肝糖来保护肝脏的机制。

很多人认为脂肪肝的成因是饮

食、饮酒过量，但一定要知道，事实上太过剧烈的节食也会导致脂肪肝。

人类需要脂肪才能生存，在饥饿或禁食的时候，储备的脂肪能够帮助我们渡过难关。体内堆积在一起的脂肪形成结构脂肪，这些脂肪包裹着器官和神经，让它们保持在各自的位置上，并避免受到伤害。例如我们手掌上的脂肪就在保护着脂肪下的骨骼。孩子的生长发育也离不开脂肪，脂肪的存在是有意义的，但我们要想健康减肥，就要明白脂肪的分类，脂肪分为对人体不利的脂肪和有益的脂肪。

对人体不利的脂肪：饱和脂肪

饱和脂肪主要存在于动物（如肉类和乳制品）的食物中，也可以在大多数油炸食品和一些预包装食品中找到。饱和脂肪是不健康的，因为它们会增加体内不良胆固醇的水平并增加患心脏病的风险。如果你要食用含饱和脂肪的食物，尽量选择低脂的，例如低脂或脱脂乳制品。吃瘦肉块，包括里脊肉，选择鸡胸肉而不是鸡的其他部位，去掉鸡、火鸡和其他家禽的皮，烹饪的时候，避免使用黄油和猪油，尽量用素油炒菜。

饱和脂肪来源包括：高脂奶酪、高脂肪肉、全脂牛奶和奶油、黄油、冰激凌和冰激凌产品等。

对人体有益的脂肪：Omega-3，单不饱和脂肪酸和多不饱和脂肪酸

Omega-3 脂肪是一种特别的“心脏健康”的脂肪，可以帮助降低血液中的高甘油三酯值。 富含 Omega-3 脂肪的食物有：鱼类，豆腐和其他大豆制

品，核桃，亚麻籽和亚麻籽油，菜籽油。

单不饱和脂肪和多不饱和脂肪被认为可以支持“心脏健康”。富含这两种“好脂肪”的食物有：牛油果，杏仁，腰果，山核桃，花生，松子，南瓜子，向日葵，橄榄油，部分植物油（如玉米油、大豆油）。

因此，尽量摒弃蛋糕、饼干，选择一些坚果作为零食吧！但是不要忘了坚果的摄入量也要控制。比如减肥期间每天最多只能吃一把坚果。

脂肪来源
YES
牛油果
杏仁
腰果
山核桃
花生
松子
南瓜子
向日葵
橄榄油
……
橄榄油
大豆油
NO
高脂奶酪
高脂肪肉
奶油
黄油
冰激凌和冰激凌产品
……
牛奶

第 11 天

减肥，一定要认识反式脂肪

之前给大家讲过脂肪该如何摄入最健康，而有一种神秘的脂肪，大多存在于一些不起眼的零食中，"吃一口甚至等于吃了七口油"，意味着它的热量是普通脂肪热量的 7 倍，摄入过多还会对心脏和血管造成不利影响，它就是我们减肥必须义正辞严拒绝的脂肪——反式脂肪！据世界卫生组织估计，每年约有超过 50 万例因心血管疾病引发的死亡案例与反式脂肪摄入过多有关。

脂肪酸的重要作用，就是把控哪些养分可以进入细胞，哪些不可以进入。但因为反式脂肪酸的摄入，打乱了这种平衡，它把人体自然生成的健康脂肪酸替代了，就好比是异物入侵，使细胞失去了正常运作的能力。这说明：反式脂肪会影响人体的正常代谢，还会增加心脏病等慢性疾病的发病率。

反式脂肪这么可恶，想要杜绝它就要先了解它的来源，它有两大来源，一是来源于天然食物，二是来源于加工食物。

天然食物中的反式脂肪主要存在于牛、羊肉和各类乳制品中，但这类天然的反式脂肪对人体并没有什么危害。

需要重点注意的是来自加工食物的反式脂肪，接下来我教大家识别食物配料表，含有以下字眼的食物，大多含有反式脂肪！

第一，植脂末。很多食物配料表上会写植脂末，它的主要成分是氢化植物油、甜味剂和各种稳定剂。常见于速溶咖啡、奶茶、含乳饮料、冰激凌、方便食品、奶油等食物之中。

第二，奶精。奶精口味像牛奶，但又不像牛奶有很多蛋白质，它并没有什么营养价值。很多口感差、质量差的奶茶就会通过添加奶精来调味。

第三，植物奶油。真正的奶油是指从牛羊奶中提炼出的脂肪含量较高的乳制品，国内会翻译成“淡奶油”“鲜奶油”等；而人造的奶油，主要成分是植脂末，被翻译成“植物奶油”，听起来更健康，其实并不然，并不健康。

第四，植物黄油。植物黄油即人造黄油，含有大量的反式脂肪。

第五，代可可脂。巧克力的配料表基本都含有代可可脂。

第六，各类氢化油。比如氢化棕榈油、氢化大豆油、氢化椰子油等，有时候也会写成“精炼植物油”。

不光要识别字眼，还要明白常见的含人造反式脂肪的食物有哪些：

方便面、薯条、薯片等油炸食品；

一些点心、面包里含的“起酥油”；

劣质巧克力里含的“代可可脂”；

冰激凌和一些膨化食品中的“部分氢化植物油”；

小心！
这些食物
含人造
反式脂肪

还有女孩子爱喝的珍珠奶茶，咖啡伴侣中的植脂末，几乎都含有反式脂肪。

这类人造的反式脂肪又被称为“餐桌上的定时炸弹”，它的危害已是板上钉钉的事实，世界卫生组织呼吁全球停用的也正是这种人造反式脂肪！

请牢记含有反式脂肪酸的加工食品，包括人造黄油、人造奶油、咖啡伴侣、膨化食品、冷冻甜点、固体饮料（奶茶、奶精）、油炸食品、烘焙速食食品（蛋糕、面包、饼干、比萨、汉堡、薯片、三明治、方便面）、调味品（固体汤料、沙拉酱）、糖果（巧克力）、酱类（花生酱）等。

所以，大家不光要识别食材，还要识别配料表，同时还要注意有些食物比如某些巧克力，反式脂肪标注的是 0，但需注意，按规定，每 100 克食品中反式脂肪酸含量小于 0.3 克可以标注为“0”，也就是说标注为“0”并不代表食品中真的不含有反式脂肪酸。

当然对于一些低反式脂肪酸含量的零食偶尔想吃，只要是正规产品，也是可以吃的。但是，并不是反式脂肪酸为“0”的食物，就可以放心吃，大量吃。首先多吃就容易肥胖，而且记得吃完一定要多多运动，争取消耗更多的热量，把你摄入身体中的反式脂肪及时地消耗掉。

这些食物隐藏着反式脂肪酸

巧克力 沙拉酱

人造黄油 花生酱

蛋糕 人造奶油

面包

冷冻甜点

奶茶 油炸食品

方便面 比萨

膨化食品

饼干 汉堡

三明治

咖啡伴侣

第12天 减肥期间该如何摄入奶制品

奶类食物也是减肥期间大家经常摄入的食材，它有两种：一种是奶类零食，比如雪糕、冰激凌等；另一种是纯奶，比如脱脂奶、酸奶等。咱们先说说奶类零食。

比如我在胖到一百二十多公斤的时候，就比较喜欢吃雪糕，尤其一到夏天，我家冰箱最不可缺的就是雪糕和饮料。我估计这也是很多肥胖者夏天的最爱。但无论是冰激凌、雪糕还是冰棍，不能忽略的一点就是：糖很多！根据世界卫生组织的建议，成年人每天摄入的糖不应超过 25 克。而一根雪糕或者冰棍至少含有 20 多克糖，所以摄入雪糕、冰棍如果运动跟不上或者饮食不减少，那就很容易肥胖。而且这种冷饮类食物大多都含有很多添加剂，而添加剂摄取量超标，就会危害健康。

这时候很多朋友就想问了：可冰激凌等吃起来明明没那么甜啊？至少没有蛋糕那么甜，那应该不会胖吧？其实不然，因为这是低温设下的陷阱。舌头碰到冷的东西，对甜味的感知能力会下降。所以，比起常温甜品，冰激凌的甜可能更加“隐蔽”。请大家牢记，任何冷饮类食物都有一定的热量，个别雪糕一

热量陷阱
雪糕虽然没有什么饱腹感，
却是热量的陷阱

根的热量就接近300卡，你需要跑至少40分钟才可以消耗掉这些热量，所以大家一定要慎重摄入。

奶类，很多人可能觉得必须天天摄入。在学员给我反馈的饮食三餐计划中，很多人每天都会把乳制品添加到一日的食物清单中。但关于奶类，有一些常见的问题大家要明白。

首先，要摄入多少。

根据中国居民膳食指南的建议，人们可以吃各种各样的奶制品。切记不要超标，奶类虽好也不可以过度摄入。建议大家每天可以喝不加糖的、不超过300毫升的牛奶。

其次，喝脱脂奶好还是全脂奶好?

在不同国家，牛奶有着不同的划分，而我国最普遍的划分就是脱脂、低脂以及全脂牛奶。

我国对于全脂和脱脂牛奶的划分标准是这样的：

全脂牛奶每100毫升脂肪含量在3%以上。

低脂牛奶（也可以说是半脱脂牛奶）的脂肪含量每100毫升为1%~2%。

脱脂牛奶的脂肪含量每100毫升在0.5%以下。市面上大部分都标注0%。

每100克的全脂牛奶所含有的热量大概为65千卡。

每100克的半脱脂牛奶所含有的热量大概为45千卡。

每100克的脱脂牛奶所含有的热量大概为33千卡。

为了降低热量需要，很多人喝脱脂奶。拿市面上常见的牛奶（250毫升装）

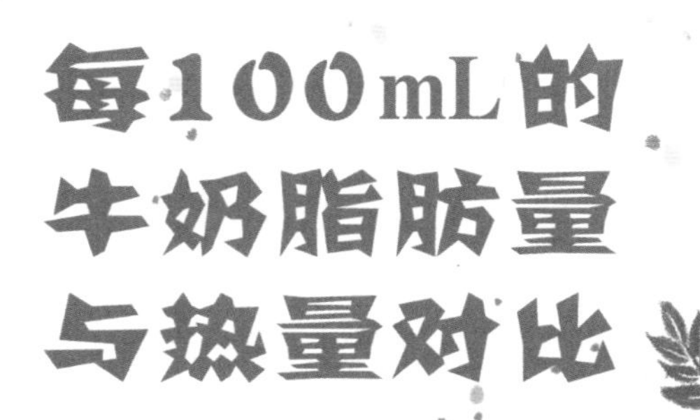

	全脂	低脂	脱脂
脂肪量	3%	1%~2%	0%
热量	65千卡	45千卡	33千卡

来比对，喝一盒全脂奶会比喝一盒脱脂奶多摄入 9 克左右脂肪，而蛋白质、糖类和脂肪是维持机体正常功能重要的三大物质，也是机体最重要的能量来源。1 克糖和蛋白质燃烧都产生 4 千卡的热量，而 1 克脂肪燃烧产生的热量是 9 千卡，所以换算后得出喝一瓶牛奶（250 毫升装）大约多增加 80 千卡热量。

但随着脂肪含量的逐渐下降，牛奶的奶香味也越来越淡，口感也越来越稀薄，也就是说很多人喝脱脂牛奶发现不好喝。而且在牛奶脱脂的过程中，脂溶性的维生素也跟着脂肪一起去除了，这不但对人体的生长发育和健康不利，而且也会影响其他营养成分的吸收，比如钙的吸收率也会下降。所以如果你其他的饮食习惯不注意，只是从脱脂奶入手，这就有点得不偿失了。

总结一下，相对来说，脱脂奶热量低，但是全脂奶由于饱腹感更强，会延缓饥饿感，并且全脂奶更有营养，对营养均衡更有帮助，体重不超标或者没有肥胖隐患的人没必要喝脱脂奶。肥胖人群，我们首先要控制好食物总热量摄入，牛奶如果喝全脂的，不要超过 300 毫升。其次不要另外加糖等易胖成分，如果你肥胖并且喝奶控制不住量，经常一喝就特别多，那还是选择脱脂奶比较好。但你也因此会损失一些全脂奶的有益成分。所以，关于减脂最重要的是改变不良习惯，食物没有不能吃的，关键还是要注意营养均衡，定量摄入。

最后，奶类里的酸奶和其他奶制品减肥期间能吃吗?

酸奶是可以喝的，但也要控制好量，记住总原则，每天奶类摄入量最好不超过 300 毫升。但是需要提醒大家的是，酸奶很多都添加了糖，甚至很多酸奶就是饮料，配料表上有白砂糖或者很多代糖，这样的酸奶就容易引起肥胖。因此，我们喝酸奶一定要喝纯酸奶。其他乳制品如果是奶油制品或者雪糕等由于属于高热量食物，减肥期间最好不吃。

第13天

减肥，一定要学会正确摄入“糖”

减肥很辛苦，想要吃糖来点甜头？我劝你快住口，吃的糖过多不仅会损坏牙齿，还会使人发胖。很多人只知道主食也就是碳水化合物有糖，应控制主食的摄入，然而碳水化合物的糖易防，食品中的添加糖难防！究竟该如何减少糖的摄入，如何挑选低糖减肥食品呢？

在我们的身边，没有几个人不爱吃糖，爱吃糖的人容易有龋齿。而且高糖饮食会导致“四高”，即高血脂、高尿酸、高血压、高血糖，从而损害心血管和各脏器健康。

之前我看过一个报道，与不经常喝饮料的人相比，每天喝超过 1 杯含糖饮料的人，得高血压的风险会升高 18%，得高血脂的风险升高 32% 。这些慢性疾病，都会给心血管造成伤害，增加心梗、冠心病等心血管疾病的风险。

糖类该怎么摄入？一般来讲，成年人一天能量的需要量为 2 千卡左右，含添加糖的量不能超过一天总热量摄入量的 10%，这就要求，在 2 千卡的饮食

让人幸福的糖果！

中，摄入添加糖的上限为 0.2 千卡（1 克糖含有 0.004 千卡的能量），也就是不能超过 50 克糖（约 10 小匙）。

目前中国居民膳食指南的建议是在控制碳水化合物摄入的基础上，同时限制纯糖类的摄入，主要是因为添加糖类在体内吸收很快，并且摄入量很难控制，容易超标。例如一瓶可乐是 250 千卡的热量（含有大约 50 克糖），喝一瓶一天的添加糖摄入量就几乎超标了，所以很多人会选择无糖食品。

近年来，市场上出现了一系列的“无糖食品”，如饼干、糕点、乳制品、麦片，甚至糖果等，许多吃货认为吃甜食容易胖，甜食是减肥最大的敌人，而无糖食品总算可以尽享口福而不用担心长胖了，有人甚至把这些食品当成了“减肥餐”。“无糖食品”真是低热量，真能减肥吗?

在这里我告诉大家，无糖食品并不是不含糖，而是指不含升血糖指数较高的蔗糖。比如很多食物上写不添加蔗糖，但有些食品本身是含有糖的，或者很多无糖食物往往以甜味剂，如木糖醇、阿斯巴甜、甜蜜素、糖精等来代替，虽说弥补了口感，但营养价值也大打折扣。

“无糖食品”吃起来甜甜的，这就是甜味剂的功效了。甜味剂只是用于改善口感，并没有降糖作用或是其他作用，而且任何一种甜味剂都比蔗糖甜。所以含有以下字眼的无糖食品，不注意控制量也会热量超标。

目前，无糖食品中的甜味剂分为：

糖醇类甜味剂：木糖醇、山梨醇、麦芽糖醇；

非醇类化学合成的甜味剂：糖精、甜蜜素、阿巴斯糖；

天然甜味剂：甜叶菊、甘草。

国家对于这些能够添加在食品中的甜味剂有严格的把控。合格的食品添加剂对人体没有坏处，但是长期过量摄入也会对人的身体健康造成一定损害。

其实，减肥的本质是在于“总热量消耗＞总热量摄入”，在吃东西的时候，咱们普通人无须纠结是否应该选无糖食品，而是应该关注食品标签上所标识的“能量”值。并不是说无蔗糖就一定可以随便吃，无蔗糖不代表无热量，甜味剂在一定程度上可以刺激食欲，所以要注意控制食用量，否则仍会长胖。

接下来教大家如何挑选无糖食品和少摄入糖分。

1. 看成分表。购买时应该参考成分表、热量表。选购“无糖食品”要看配料表，看该产品是用何种甜味剂代替了有关糖类，注意不要多吃。除了要留意其中的带“糖”字的成分，如葡萄糖、果糖、蔗糖等，还要留意一些“隐形糖”，如淀粉、糊精、麦芽糖、玉米糖浆等，这些淀粉或水解淀粉物碳水化合物含量较高，会在体内转化为葡萄糖。如：果脯、蜜饯就应避免摄入。

2. 看自己的 BMI 值。前面已经讲过了如何通过测算自己的 BMI 值来判断自己是否超重或者肥胖，如果 BMI 值属于超重或者肥胖的人，就一定要注意自己平时摄入的能量，包括甜味剂的热量，从而更好地控制每天的饮食。

3. 少吃液态糖。我们常吃的食物中大多含有糖分，或者含有碳水化合物能够在体内转化为糖分，能够满足我们对糖分的需求。因此，不要吃太多的液态糖。液态糖如饮料，热量很高。一罐可乐热量 150 千卡，喝两罐可乐，热量就远远超过了一碗米饭。所以汽水、可乐、雪糕、冰激凌等减肥期间尽量不食用。

4. 烹饪时少加糖。糖是烹饪的重要调料。糖能够给我们带来美味，但也会带来肥胖、糖尿病等风险。因此，烹饪时尽量少加糖，还要少油盐。减肥需要

减肥，
这样选
无糖食品
1.看成分表
2.看自己的BMI值
3.少吃液态糖
4.烹饪时少加糖
5.少吃精制主食

用科学合理的方法，减肥的时候也不能一点都不吃糖，那样的话，身体就非常容易出现营养不均衡的现象。

5. 少吃精制主食。不同类型的碳水化合物，吸收率不同，引起的餐后血糖水平也不同。餐后血糖飙升太快，对控制体重不利。白米白面等精制主食，消化吸收快，升高血糖的效果强，对减肥不友好；记住：减肥不能不吃主食，但一定要适量且均衡搭配！

最重要的是要适量摄入。尤其号称“无糖食品”的产品里面，很可能含有淀粉水解物类作为甜味来源，也就是淀粉糖浆、果葡糖浆、麦芽糖之类。这些糖浆升高血糖、变成能量的速度未必会比蔗糖慢多少。所以大家选择无糖食品时也不可肆无忌惮地吃。

第14天
减肥，一定要学会正确摄入“盐”

现代人的“三高”问题越来越严重了，而且已经开始向年轻人群蔓延，所以少吃盐这种饮食方式，也越来越被大家认可了！世界卫生组织最新对于食盐摄入量又有了新的标准：健康人群每天食盐的摄入量应该不超过5~6克。

食盐摄入过多，不仅容易诱发心血管疾病，还会损害机体动脉，伤害脑组织结构，将大大增加中风的发病风险。最关键的是对于肥胖者来说，盐摄入得多，不光会导致疾病，还会让你越来越胖！这是为什么呢？

首先，吃盐多，会让食欲增加。相信很多人都有这样的体验，如果是吃比较重口味的食物，米饭和馒头吃得绝对比吃清淡饮食时候要多！所以很多下饭菜，要么辣要么咸。长期吃过咸的食物，会让人的味觉变得麻木，口味变得越来越重，一旦味觉出现失常，就可能习惯于吃高糖、高盐和高脂肪的食物来满足自己的味觉，导致热量摄入过剩，引起发胖。

其次，吃盐多，会导致钙流失。吃盐太多，就代表“钠”摄入多，身体为了排斥“钠”，就会增加钙的排出量，造成钙的流失。钙在身体里，是有抑制脂肪合成功能的，如果身体缺钙，就会增加身体对脂肪的储备。

最后，吃盐多，容易导致水肿。当人从饮食中摄入了过多的盐分，体内钠离子数量相应就会增多，身体会存储更多水分来调节渗透压，阻碍人体排出水分，造成水分滞留在体内，出现水肿型肥胖。在日常生活中不难发现，有许多肥胖妇女的脚到了下午就会浮肿，穿的鞋子变得紧绷，其实就是体内的盐分在作怪。

食物中有很多“隐形盐”，以下五类食物，需要我们注意控制摄入。

1. 加工肉制品。香肠、腊肉、培根、火腿等肉制品风味独特，是中国人餐桌上的常客，但是这些肉制品在制作时需要加入大量的盐来保证口味和防腐抑菌，即使烹饪时不再额外加盐，也会让你在不知不觉间摄入大量盐分。

2. 腌制食品。酸菜、泡菜、酸豆角……这些腌制食品酸咸可口、爽脆开胃，让人一不小心就多吃几口，但这些腌制食品都是用大量的盐来腌制的，含盐量就非常高。比如：1 小碟榨菜含盐 19 克，半块豆腐乳含盐 11 克。减肥的朋友要控制摄入。

3. 方便食品。方便食品也是隐形盐的大户，方便食品为了保证风味，往往添加了大量调味料，其中就包括盐，一包 100 克的方便面，其中的盐含量就将近 5 克，再加一根火腿肠，一天的盐摄入量可能就超标了。

4. 烧烤类食品。大家在吃烧烤的时候，难免会蘸着很浓的酱料，以及五香粉、辣椒粉等，这样不知不觉导致摄入盐分超标。

5. 各种酱料。比如酱油、黄豆酱、橄榄菜，以及五香粉等各调味品，烹饪

哪些食物含有“隐形盐”

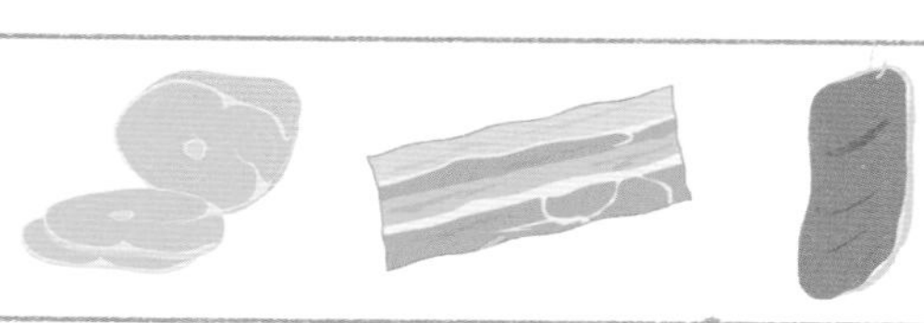

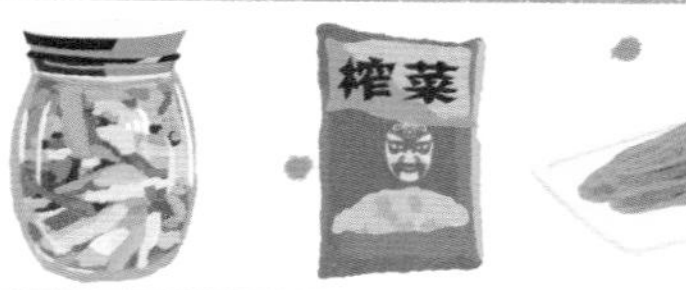

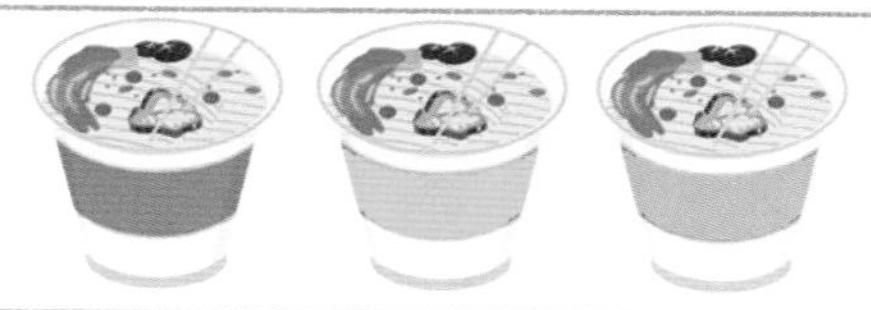

烧烤类
食品

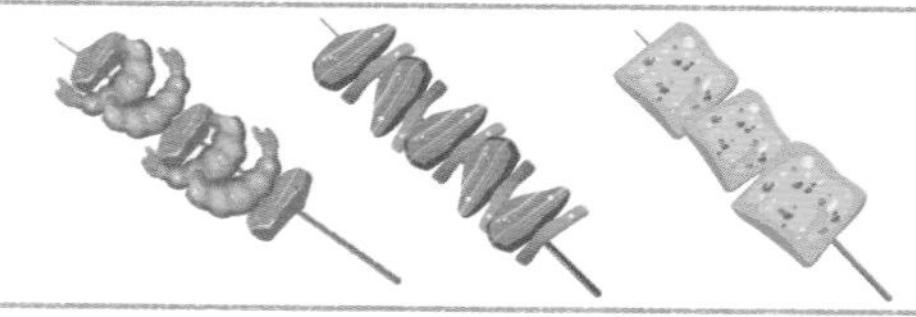

各种
酱料

时应多用葱、姜、蒜、醋等调味品替代。

一些常见的调味品，要么高糖，要么高碳水，容易肥胖，大家一定要慎重摄入。比如：

中式酱：芝麻酱、老干妈、红油豆豉、牛肉酱、拌饭酱、香菇酱、海鲜酱……

西式酱：花生酱、沙茶酱、沙拉酱、千岛酱、番茄沙司、各类果酱……

其实花椒、蒜、葱、姜等天然调料同样能为食物带来丰富的口感，可用作食盐的替代品。另外，可在低盐的菜肴中加入一些食醋、柠檬汁等酸性物质来调味，既能开胃，又能提升口感。

总而言之，要想减肥快，除了正常吃三餐，也要避免多摄入高盐食物，尤其要注意避免摄入隐形盐，且在烹饪方式和调料上要注意细节。

第15天

减肥，到底该怎么吃主食

不知道大家有没有发现，现在减肥的人都说要拒绝碳水化合物，只吃高蛋白和清淡蔬菜，很多商家甚至推出了各种各样不含主食的减肥餐。我的一个学员就尝试了这种方法，十多天粒米未沾，只吃水果和蔬菜，硬是从47.5公斤瘦到43公斤，然后坚持不下去了，一恢复饮食就反弹得一塌糊涂，一个月反弹到了五十几公斤！

那么现在流行的这种拒绝主食的减肥法到底对不对？今天我就来给大家分析一下减肥到底要不要吃主食，怎么吃主食。

主食提供的主要是糖类，它作为三大供能营养物质之一，身体70%以上的能量供给都是由主食中的糖类提供。因此为了保证营养平衡，每天应该保证摄入适量的主食。一般来说，成年人每天应吃250~400克谷类、薯类及杂豆。

首先讲讲不吃主食有什么危害。

不吃主食的话，肚子特别容易饿，饥饿感增强，饱腹感下降，无形中会让

你吃更多的肉、鱼来填饱肚子，而 50 克脂肪引起体重增加的效果要大于 100 克主食。这也无法达到减肥目的。

很多减肥的女性为了控制热量摄入，不吃主食只吃蔬菜水果，久而久之，要么脸色苍白，要么萎黄晦暗，精神体力衰弱，不但肥没减下来，反而越来越老。而且大脑得不到足够的血糖供应，影响记忆力、学习能力，且容易疲惫、没有精神，容易产生掉发、失眠等各种疾病。对女性来讲甚至还会造成月经紊乱、闭经等。

而我这几年的总结发现，影响体重的，最关键的是热量，也就是摄入的油和糖，而不是单纯的碳水化合物。但如何摄入碳水化合物呢？同样多的能量，如果把主食的食材换成豆类、粗粮和薯类，效果就会大不一样。用粗粮、豆类替代一部分精米白面，可以大大提高饱腹感，让人吃了之后好几个小时都不觉得饿。比如说，喝一大碗白米粥，2 小时不到就会饿；而喝同样一大碗红豆加燕麦煮的粥，却能坚持 4 个小时都不饿。吃一个 100 克面粉做的白馒头，根本不觉得饱；而吃一个 80 克全麦粉做的全麦馒头，饱腹感会比 100 克面粉做的白馒头更强。

所以你现在明白了吗？不吃主食拒绝碳水，理论上来讲会消耗脂肪，貌似利于减肥，但其实身体会优先消耗蛋白质，蛋白质可是对人体有益的物质，过度消耗蛋白质将会给身体埋下巨大的隐患！而很多人主食不会吃，导致了一些肥胖和健康问题，所以大家一定要知道摄入主食的四大误区。

不吃主食的危害

皮肤晦暗

容易饿

面有菜色

记忆力差

脸色苍白

容易老

掉发

失眠

学习力差

神经衰弱

月经紊乱

闭经

误区一：偏爱一种主食

所谓一方水土养一方人，每个人的饮食习惯不同，大多数人长期只选择一种食物当主食，比如北方人的面与南方人的米，但长期只吃一种主食，不注意和其他粗粮、蔬菜等食材搭配，容易造成饮食结构单一，对身体造成各种影响。如长期只吃大米或白面等精加工主食，升糖指数高，易造成血糖速升速降；而如果长期只食用粗粮，也会增加肠胃的消化负担，应该粗细搭配。

误区二：用汤或水泡饭

不少人觉得饭菜太干硬，用汤泡着一起吃肠胃更舒服，其实这样做反而会伤害肠胃。饭菜泡软后更易吞咽，食物没经过咀嚼就进入肠胃，会加重肠胃消化负担，消耗这些食物也不需要耗费多大的体内热量。另外，大脑传递饱腹感需要一定的时间，你吃得较快，不利于及时接收饱腹信号，一不小心就容易吃多，引发肥胖。减肥期间大家要牢记，吃饭就吃饭，吃菜就吃菜，不要汤汤水水地吃，总是吃泡饭或者吃饭时喜欢喝汤、粥、水都会引起肥胖。

误区三：烹饪主食时加太多调料

为了让主食的味道更好，我们常会借助很多调料，尤其是做炒饭、炒面时，加入大量的油，再加上番茄酱、胡椒粉各种调料，会给你带来不少额外热量。另外，这类食物口味重，令人食欲大开，易吃多，也会增加不少热量，让你多长肉。

误区四：爱吃高升糖指数的主食

一些加工的主食，比如油炸的和高糖主食，由于升糖指数高，进入胃肠

后，消化快，易导致血糖骤升骤降，你更易产生饥饿感，可能就会吃得更多。另外，米、面属于淀粉类食物，精制加工后，更容易消化，也会导致血液中血糖浓度快速升高，所以平时选主食最好避开它们。

那么想减肥，到底要怎么吃主食呢？下面告诉大家四个小技巧。

技巧一：粗粮细粮搭配吃，增加饱腹感

很多人认为大米、白面等细粮比粗粮口感更好，就很少吃粗粮。其实，粗粮大多升糖指数较低，能有效避免因血糖骤升骤降，加速胰岛素分泌，导致脂肪囤积的问题。另外，它们还富含膳食纤维，不仅能带来很强的饱腹感，还可以促进肠道蠕动，帮助身体排出毒素。

技巧二：主食搭配其他食物，均衡营养

主食中主要是碳水化合物，但是蛋白质等营养摄入不足也会影响减肥，所以一顿饭只吃主食是不行的。每顿饭都要注意主副食搭配，吃主食可以搭配鱼肉、虾肉、蛋等蛋白质含量丰富但热量较低的食物。另外，富含膳食纤维的蔬菜也不能少，适当加点芹菜、香菇等，帮助消化、预防便秘。

技巧三：搭配豆类，提高蛋白质吸收率

不论是粗粮还是细粮都可以适当搭配豆类，豆类富含优质蛋白，和它们搭配，能增强饱腹感，而且植物蛋白和日常饮食中的动物蛋白相互搭配，还能提高蛋白质的吸收利用率。平时煮饭可以加点黄豆、黑豆等豆类，或者选一些豆制品做菜吃。

减肥
如何正确选择主食

YES

玉米
紫薯
糙米
荞麦
藜麦

藜麦

荞麦

糙米

NO

面包
馒头
白米饭
饼干、甜点
袋装零食

虾条

技巧四：选低升糖指数的主食

前面有说过精制主食和升糖指数高的食物有一定缺点，要想减肥，应该减少这些主食。选择升糖指数较低的主食，如玉米、紫薯、糙米、荞麦、藜麦等就很不错。它们含丰富的膳食纤维，能带来很强的饱腹感，还不会导致血糖骤升骤降，能有效避免你因食欲旺盛而吃得过多。

我一直让我减肥营的学员有技巧地摄入碳水化合物，那些柔软精加工的面包、馒头、白米饭，还有各种饼干、甜点、袋装零食等，都属于饱腹感低的食物。它们不仅营养价值低，还让人很难控制食欲。流行病学研究发现，和经常吃粗粮、豆类的人相比，吃精白谷物较多的人，随着年龄增长，体重日益增加的概率更大。

好了，既然知道了主食该怎么选择，我给大家提个醒，以下主食减肥期间需要避免。

1. 深加工食物。包括面包、饼干、点心、蛋卷等，以及油性太大的烧饼、油条、油饼、麻团、炸糕等。一般来说这类主食不仅含有较高的能量，而且维生素和矿物质的含量也很低，经常食用不利于健康也不利于减肥。

2. 白馒头、白米饭、大米粥、白面饺子、白面包子、年糕、糯米团等。这类主食一般饱腹感较低，维生素含量比较少，而且容易导致餐后血糖上升速度过快，不利于控制食欲，可以适当减少摄入。

我自己在减肥期间，主食会吃，但每天吃的种类不一样，五谷杂粮都吃，尽量不吃含油含糖类的主食。我在这几年指导减肥营学员减肥的过程中总结出，

这些食物
热量高
营养低

导致肥胖的元凶不是吃主食和肉，而是油和糖。所以，减肥期间需要吃主食，但更需要注意，能粗粮细粮搭配就不要只吃细粮，能吃发面的就不吃死面的，能吃天然无糖无油的就不吃高油高糖的加工类主食。主食吃得好才会更有力气去减肥！

第16天
土豆减肥期间能吃吗

从减肥的角度看，很多人说土豆热量低能减肥，吃了土豆饱腹感很强，但也有人说土豆满满都是淀粉，升糖快，容易让人长胖。那到底该如何吃土豆呢？

《中国居民膳食指南2016》建议，每天250～400克主食中，应该包括50～100克薯类，而土豆就是薯类中最杰出的代表之一。土豆本身脂肪含量很低，但需要提醒的是：土豆也是主食的一种。吃了土豆，就要相应减少米饭、馒头的量或直接替代。

所以土豆可以吃，如果蒸煮吃，或者正常炒菜，与主食有一个正确的换算，那么还是可以吃的，毕竟土豆的饱腹感强，高钾低钠，还含有丰富的维生素，再加上热量也比米饭低，同样吃到饱，吃土豆相比吃米饭更不容易长胖。但为什么很多人不敢吃土豆呢？那是你的烹饪方式错了！

第一，炸薯片、炸薯条。这是减肥期间土豆最差的吃法，100克薯片中，脂肪含量占35%。也就是说每100克薯片含有脂肪35克。

第二，土豆炖肉。一般炖肉就意味着油多盐多，肉中的脂肪与汤中的盐会进入土豆的内部，入味的土豆真好吃，但是低钠低脂的优势全没了，如果再喝点高油高盐的汤汁，只会让你越来越胖。

第三，干锅土豆片、干煸土豆丝、狼牙土豆。这些都是超级吸油的菜。做过干煸土豆丝的人应该知道，不管放多少油，都能被土豆吸得干干净净。

简单总结就是，土豆作为一种低脂肪高纤维、饱腹又营养的食物，如果能够代替一部分米面当主食吃，对健康减肥大有益处。最健康的吃法当然是无油无盐的煮土豆、蒸土豆，也可以试试煮饭或煮粥的时候加点土豆丁。千万别吃错，吃成炸薯条就热量爆表了。

土豆菜谱
YES
土豆炖白菜
蒜蓉蒸土豆
煮
蒸
炒
NO
炸薯片
炸薯条
土豆炖肉
干锅土豆片
干煸土豆丝

第17天 减肥，先了解一下胰岛素

不知道大家身边有没有出现这样的情况：明明已经吃得很少，运动量很大，可体重还是下不去，或者是好不容易瘦了一点，很快就又反弹甚至比之前更重。如果你的回答是“yes”，那么很可能是身体内的激素影响了你的减肥大业。那么究竟有哪些激素会影响到减肥呢？

首先讲讲胰岛素。

相信大家对于胰岛素的认知多是因为糖尿病。但如果你以为胰岛素在人体中的作用就只是降低血糖，那就把它想简单了。的确，糖尿病的人需要关心胰岛素，但与此同时，胰岛素也被称为“脂肪生成器”，所以胰岛素也是导致人们肥胖的重要原因之一。当你辛辛苦苦减肥的时候，如果不关心你的胰岛素，那么你将事倍功半或者根本无法减掉那些恼人的肥肉。肥胖被定义为代谢的疾病，所以把减肥简单地理解为少吃多动是不全面的，也很难减肥成功。要想有效地减肥，还要调整自己的胰岛素。

胰岛素是由胰腺分泌的一种激素，它可以帮助营养成分迅速达到细胞内部，并转化成能量，以供身体消耗。而它又被称为“脂肪合成素”，胰岛素到底有多厉害？给大家举个例子，光是注射胰岛素，不用多吃就可以变胖。2013年法国有研究指出，有75%的肥胖者，胰岛素降低之后体重就跟着降下来了。

我们吃下的碳水化合物，正是通过大量胰岛素的分泌，转化成我们又怕又需要的脂肪。胰岛素对血液的葡萄糖浓度也就是血糖最敏感，血糖一升高，胰岛素就会被分泌出来开始工作——打开肝细胞、肌肉细胞、脂肪细胞的“大门”，把葡萄糖从血液中转到这些细胞里面储存起来。

葡萄糖进入细胞，血糖是降低了，但肝细胞、肌肉细胞、脂肪细胞都长“胖”了，如果这些储存进来的葡萄糖能量无法及时消耗出去，身体就会囤积脂肪。所以胰岛素会让身体囤积脂肪。胰岛素被释放得越多，身体囤积的脂肪就越多。

但胰岛素是我们身体唯一能降糖的激素，胰岛素与血糖就像前世结下了梁子，胰岛素一见到血糖就分外眼红，对血糖变化十分敏感。当我们吃一大碗面后，血糖就急剧升高，需要胰岛素降糖。一个健康的身体会及时分泌胰岛素，在一定时间内把糖分解，降糖。如果吃得多，血糖上升就快，胰岛素也就迅速分泌，血糖也就会迅速降下来，这会导致脑组织受影响非常大，出现头晕、昏厥的现象，这就是为什么有的人吃多了会感觉乏力，想睡觉。

所以敲开细胞的大门让糖进去的，就是胰岛素了。然而，如果我们经常暴饮暴食或者喜欢吃很多放了“添加糖”的甜食、零食、饮料以及被过度加工的精米、精面类食物，那么你的血糖一直都很高，大量的胰岛素会不断被分泌出来，可我们的细胞就那么多，越来越多的胰岛素在敲细胞的门，细胞烦了，不开门，不搭理胰岛素了，这就叫作胰岛素抵抗。也就是你自己身体里产生的胰岛素没办法有效降血糖了，血糖居高不下，如果不加以控制，长此以往，胰岛细胞受损，胰岛素不能正常分泌，2 型糖尿病就形成了。

不知你明白没有，形成“胰岛素抵抗”其实是很多恶性循环的开始，它不仅会让胰腺过度劳累，最终引发高血糖、糖尿病，还会加剧身体的日渐肥胖，因为有更多葡萄糖被胰岛素“塞进”了脂肪细胞而又消耗不掉。

因此，减重瘦身除了要运动外，还要搭配健康的饮食计划才能成功。而健康的饮食计划原理是什么？其实，胰岛素就是其中的关键，通过健康的饮食计划达到控制胰岛素的效果，从而达到瘦身的目的。那么饮食方面如何提高胰岛素敏感度呢——增加膳食纤维的摄入。

在胰岛素抵抗形成中，最重要的原因就是精制碳水化合物的摄入过多。所以我们首先要控制精细碳水化合物摄入，改用膳食纤维高的粗粮来代替，以防止胰岛素变得敏感（膳食纤维含量高，血糖上升速度缓慢）。日常饮食中可以多吃糙米、薏米、玉米、麦片、藜麦等粗粮及豆类、蔬菜和水果。比如玉米中所富含的膳食纤维，具有降低血糖、血脂及改善葡萄糖耐量的功效。玉米中所富含的镁，则具有强化胰岛素功能的功效。

1. 注意早餐。长期不吃早餐的人胰岛素的敏感性会相对下降，体态也会相对偏胖。

2. 注意按时作息，调整心情。睡眠不好或者压力太大、心情不佳都会使胰岛素和抵抗素的平衡关系发生改变。

3. 多吃一些降糖食物，让食物成为天然胰岛素。推荐减肥期间多吃番茄、银耳、洋葱、黄瓜、苦瓜、薏仁、菠菜，这些食物都可以刺激胰岛素合成，且卡路里低，能有效促进减肥。总之，我们要选择吃有饱腹感、营养价值高且升糖作用没那么“强烈”的食物。这样的食物，其共同特征是：含丰富的水分、纤维、蛋白质，没有被精加工，属于中或低升糖指数食物。

了解了胰岛素，大家应该明白了科学的饮食习惯也就是按时吃饭、避免暴饮暴食对于健康及减肥的意义了。

这些食物
减肥期间
多吃，
有助于
减肥
薏仁
银耳
苦瓜
西红柿
黄瓜
菠菜
洋葱

第18天

压力性肥胖？皮质醇了解一下

很多上班族、加班族工作量巨大，饮食不规律没时间运动，加班熬夜是常态，身体累到被掏空，很多人以为压力大、工作辛苦就会瘦下来，事实上相当一部分人进入职场后得到一身肥肉，这种肥胖，被称为“压力性肥胖”。

压力很大时，交感神经持续处于兴奋状态，容易引起睡眠障碍。睡眠不足将引起作息不规律，正常的新陈代谢受到影响，这更加剧了能量的供应—消耗失衡。此外，心理压力大和休息不好常常让人感到“没精神”“没活力”，主观感觉上“很累了”，自然也就不想参与体育运动，阻碍了脂肪的消耗。而且压力大的人群处于急性应激反应中，人体的神经—内分泌系统会通过一系列刺激反应引起激素平衡的变化。特别是糖皮质激素水平的上升，给了机体以“需要补充储备能量”的信号，尤其是提高对碳水化合物、脂肪等供能物质的需求，打破了机体能量的需求—消耗平衡。此状态长时间持续的情况下就会使人食欲、胃口大增，每餐吃得越来越多，易产生暴饮暴食等倾向。于是我们看到很多人

压力胖
熬夜加班
饮食不规律
没时间运动

压力大就睡眠不好，然后暴饮暴食，进入了恶性循环。

所以如果上班族需要减肥，首先需要克制自己的情绪，按时作息，科学饮食，适当运动。

说起压力性肥胖，我给大家分享一个我学员的故事。

叶女士35岁，是上班族，每天上班很忙，有时候熬夜也是难免的，说起运动更是没时间，饮食也不规律，上班3年，胖了15公斤，体重从原来的65公斤，增加到了80公斤，而且每年还有继续发胖的征兆。她也想减肥，在小区附近，她发现有店面在推广按疗程付费的减肥方法，抱着试试看的心态，叶女士也尝试一下，结果疗程没结束就开始反弹，店员说她已经是顽固性肥胖了，经络已经疲劳了，必须停止治疗。然后她就开始节食，每天一个鸡蛋，一个苹果，虽然一个月也瘦了5公斤，但第二个月忽然有一天她就晕倒了，紧接着那段时间她总觉得头昏昏沉沉的，身体也极度虚弱，还伴有心慌、恶心、干呕，为了减肥她付出了很多，结果还越减越肥，她真的不甘心。

后来她认识我，源于北京卫视的养生堂节目，当时我在节目中讲述自己的减肥故事，她被我的几句话吸引了：一百天减掉五十公斤，一直不反弹，不节食不吃药、健康减肥，然后她就下定决心跟着我开始减肥。

她仅仅用了三个多月就甩掉了二十多公斤，又恢复到了之前上学时的身材，她的同事都觉得无比惊讶，其实她只是加入了我的线上减肥营。之后跟着我跳我独创的在家里就能轻松坚持的减肥操。

大家知道如果要想减肥必须要锻炼，但是很多运动我们坚持不了。她加入减肥营之后，第一天跳操后就瘦了1斤2两，然后她在减肥营里晒出了自己锻炼前后体重对比的照片和自己运动流汗的照片，大家都为她点赞。这也更加地激励了她，让她有决心继续坚持。

帮助学员减肥这么多年，我发现，大多数人都很焦虑。不掉秤焦虑，掉了也焦虑，因为觉得掉得太慢、掉得太少；如果稍微有点回升，感觉都要崩溃了。其实减肥体重反复也很正常，我们只需要做好每天的饮食、运动，继续坚持即可，但很多人却很难接受这个事实，然后就慌了，每天都要问：我怎么还没瘦？在这种焦虑状态下，身体的激素就开始“搞事”了。人在压力很大时，肾上腺会分泌皮质醇激素，保证人们有足够的精力。它可以帮我们去面对巨大的压力，继续投入到工作中。不幸的是，皮质醇会刺激人体对食物的渴望，尤其是对糖和脂肪的欲望。之前不爱吃甜的，但一减肥就莫名地想吃甜品和面包，或者心情不好、工作压力大，就特别想喝奶茶、吃冰激凌安慰自己，这些都有可能是皮质醇在“搞事”。可能你今天吃了一个冰激凌，然后还在担心它的热量会不会让你自己胖，这个时候神奇的皮质醇就会上升，就这么简单。所以，皮质醇升高的人大部分会陷入恶性循环：减脂→长时间运动＋严苛饮食→压力大、情绪差→皮质醇升高→囤积脂肪、掉肌肉。

我们都有压力，其中那些承受重复压力的人，或者生活节奏紧张的人，或者正在节食的人，或者每晚睡眠少于8小时的人，都很有可能长期处在压力状况下，从而使他们的皮质醇水平长期偏高。这时皮质醇的负面效应开始显现为新陈代谢的变动：血糖升高、食欲增加、体重上升、性欲减退以及极度疲劳等。

为了稳定皮质醇水平，在工作中最好是要注意劳逸结合，保持心情舒畅，避免过度紧张。这不仅是为了身体健康，更是为了稳住我们的食欲，减少暴饮暴食的风险。据美国科学家研究，坚持每天冥想，皮质醇下降 20%。日本的研究者发现，音乐是大脑天然的"声波镇静剂"，常听音乐可使皮质醇降低 66%。午间小睡也可以有效消除压力感，使皮质醇下降 50%。睡眠时间只有 6 个小时，而非建议的 8 个小时，会有什么问题出现呢？——血液中会多出 50% 的皮质醇。所以减肥期间建议保证 8 小时睡眠时间，让身体从一天的压力中恢复。如果你晚上睡眠不够，那么第二天可以通过午睡补一补。一般皮质醇水平最高点在早晨（6~8 点），最低点在凌晨（0~2 点），所以，我们不要打破规律让皮质醇水平在本该下降的时候升高，晚上 12 点前务必睡觉，保持正常的睡眠时间。

同时做一些舒缓轻柔的运动，比如走路、减肥操等都是不错的选择。健身和皮质醇是相互影响的关系，训练时间过长、强度过大的运动会导致皮质醇水平升高，然后身体会分解肌肉，大幅度降低蛋白质合成能力，提高合成脂肪的能量，会出现掉肌肉长脂肪的尴尬情况。这也就是为什么很多人去健身房锻炼，运动一段时间后发现体重没有下降的原因之一。由此可见，减肥和健身是两码事，如果希望快速减肥，不要追求健身那种强度的运动，而是根据自己的实际情况，量力而行，避免过度训练。

第19天 饥饿素和瘦素是什么

你的家人、你的同桌、你的闺密、你的同事……他们天天吃炸鸡、啃鸭脖、狂扫宵夜，从不拒绝零食，可他们的体重并没有什么变化。而你只是眼睁睁地看着他们吃，天天节食减肥，却还是个胖人！天哪，世界还有公道吗？上帝就是这么不公平！怎么也吃不胖的人，他们是令人嫉妒的“天生瘦人”，而“天生胖人”只是比“天生瘦人”缺少一种激素——瘦素。

瘦素主要是由脂肪细胞合成的蛋白质类激素，作用于下丘脑。瘦素的主要作用有：引起饱腹感、增加能量释放、抑制脂肪合成，进而控制体重。与此相对的饥饿素经由血液循环运送至下丘脑，来影响食欲，告诉大脑“需要吃东西了”。饥饿素的功能：增加食欲，让人体摄取更多的食物、吸收更多热量以及储存脂肪。

瘦素具体有什么用呢？打个比方，很多人曾经节食减肥，在减肥初期，“节食”“运动”的确会在一定程度上减少体重，但也由于身体摄取热量过低，

大晚上吃这些，
不怕胖吗？
不会呀，
我吃不胖！
虾条

身体代谢减慢，出现不利于减脂的状态，大脑也开始闹饥荒。这个时候你的胃就会释放出身体信号——胃饥饿素，告诉你“我很饿，我需要吃东西”。与此同时，身体其他部位也会接收到胃饥饿素的信号，从而降低瘦素分泌，减少能量释放。这种节食减肥不仅痛苦，而且会使生理系统混乱，对减肥毫无益处。

所以了解了吗，减肥从来都不是吃多吃少决定的，而是瘦素决定的。瘦素主要功能是让身体其他组织，尤其是我们的大脑（下丘脑）接收到信号，目前的能量（脂肪）储备有多少，从而调控全身的能量平衡，即还需要补充多少热量，又可以消耗多少热量。说白了就是感知是继续吃还是停止。

脂肪细胞为什么要分泌瘦素呢？其实它也很无奈，它只是想保护自己。人们不断摄入过多的热量，最终转化为甘油三酯，存入脂肪细胞中。脂肪细胞容量有限，体积变大的脂肪细胞就像吹胀的气球，它也很难受，怕有一天自己爆了，所以分泌瘦素来抵抗人们的食欲。

瘦素拼尽全力去抑制人们的食欲，却收效甚微，人们还是喜欢吃，为什么呢？

因为美食的诱惑太大了，商家想尽各种方法刺激人们的饮食消费、刺激人们的食欲。用口感极好又不会引起饱腹感但同样高热量的混合果糖替代蔗糖做出各种美味糕点；各种好喝但高卡路里的饮品；各种高油高脂的快食、烧烤、火锅，还都色香味俱全。人们的味觉追求精益求精，结果不知不觉地摄入过多，孤身作战的瘦素终于败下阵来。脂肪细胞分泌越来越多的瘦素来自救，瘦素受体为了保护自己，关上了门，于是产生了瘦素抵抗。在瘦素抵抗的情况

热量已经够啦！
你不饿，不需要再吃啦！
瘦素

下，虽然血液中的瘦素水平很高，大脑接收到的信号却很少，由此它认为身体能量储备不足，换句话说就是瘦素到了一定值就不会抑制你的食欲了。这个时候我们就要降低瘦素抵抗，来发挥瘦素的效能。

如何降低瘦素抵抗，让身体瘦下去呢?

1. 不要节食，少吃多餐。当我们进食时，体内脂肪上升，瘦素上升。当我们不进食时，体内脂肪下降，瘦素下降。所以，当长时间不进食或进食量很少时，也就是节食，瘦素会骤降。

2. 日常高碳水食物不要摄入太多。碳水化合物会让你的胰岛素水平上升，反过来就导致瘦素水平的下降。因此，尽量拒绝那些白面包、白米饭以及那些烤制的美味食物吧。

3. 控制糖分摄入。这个糖指的是添加糖，就是由生产商、厨师或消费者在食物中添加的单糖和双糖以及天然存在于蜂蜜、糖浆、果汁和浓缩果汁中的糖分。比如白砂糖、糖果、巧克力、加糖的零食、加糖的饮料、加糖的烘焙燕麦、甜品等。一句话：为了减肥，凡是人为添加了糖的都不要吃。

4. 保证镁的摄入。主要通过吃深绿色蔬菜、海洋食物来补充，也可以吃补剂。多吃蛋白质，提高大脑对瘦素的敏感度。

5. 瘦素缺乏通常跟锌缺乏有关，同时，肥胖的人也通常都有锌缺乏症。因此要多吃菠菜、牛肉、海鲜、坚果、豆类、香菇、南瓜等食物。

6. 避免摄入精致谷物，比如面包、意大利面、白米饭、饼干（包括全麦面粉制作的食品）。建议多吃未加工的全谷食物，比如糙米、黑米或者藜麦，如果是吃淀粉类蔬菜，

意大利面

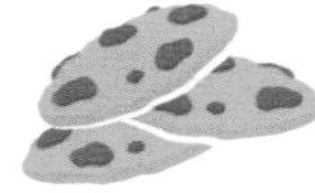

饼干

面包

白米饭

全麦面粉食品

多吃未加工的全谷食物

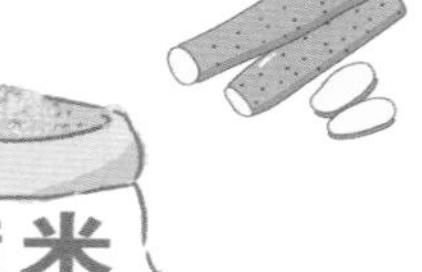

可以吃淀粉类蔬菜
比如玉米、
红薯、
芋头、
南瓜、
土豆、
山药等

比如玉米、红薯、芋头、南瓜、土豆、山药等，每顿可以吃大约一个掌心那么多。

7. 适当吃一些油脂。建议增加 Omega-3 脂肪酸摄入量，在经济条件允许的情况下，最好能摄入鱼油，或每周吃 1~2 次高脂肪鱼，如鲑鱼、鳟鱼、鲭鱼、沙丁鱼和鲱鱼，或每天吃一勺熟亚麻籽，或凉拌菜中加一勺亚麻籽油，这样可以增加 Omega-3 脂肪酸的摄入量，同时减少 Omega-6 脂肪酸的摄入量。因为 Omega-3 可以抑制炎症，而 Omega-6 却被证明会加重炎症。

富含 Omega-3 脂肪酸的食物：紫苏子、亚麻籽、奇亚籽、海藻以及三文鱼、金枪鱼等深海鱼类，油脂类包括亚麻籽油、奇亚籽油、紫苏籽油、鱼油等。

富含 Omega-6 脂肪酸的油脂包括：葵花籽油、芝麻油、玉米油、棉花籽油、大豆油、核桃油、花生油等。

8. 保持规律的运动。每次 40 分钟，一周最少 3~4 次的运动就可以激发瘦素的产生。

9. 规律作息。保证充足睡眠，睡眠会调节你的瘦素和胃饥饿素水平。如果没有得到足够的休息，你的身体就开始产生胃饥饿素，停止产生瘦素。因此每天晚上要睡够 8 小时。

总之，瘦素含量高的人，新陈代谢高，能抑制脂肪合成；反之，瘦素水平过低，就会导致脂肪堆积，体重增加。如果胖人能有效地吸收瘦素，就能够促使脂肪燃烧，实现瘦身。当我们体重下降，睡眠变好，不再贪恋碳水化合物，运动时容易出汗，运动后身体恢复变快……我们应该就可以确定已经恢复瘦素敏感了。

运动可以分泌
更多瘦素
+1
+1
+1
瘦素

作息、饮食不规律，睡眠不足，影响瘦素的产生
+1
瘦素
作息、饮食规律，每天晚上睡够8小时，瘦素倍速地产生
+1
瘦素

此时，一定要继续坚持低碳水饮食，并且有计划地锻炼身体。要养成一个科学的习惯，这个过程至少需要 2~3 个月。这也就解释了为什么减肥不要瘦几公斤或者稍微有点成效就放弃了，要坚持到底，一鼓作气。

通过了解激素与减肥的关系，我们就明白了，减肥绝对不是一味不进食，而是改变饮食结构，维持健康的饮食、运动、生活习惯。我们既要维持身体里这些激素的工作需要，同时又要尽量减少它们对我们减肥造成的阻碍。

第20天
节食减肥会怎样

前文给大家讲了“彩虹”饮食法，大家应该明白食物合理搭配的重要性了。但仍有很多人减肥期间不敢吃饭，或者是着急减肥希望马上看到效果，或者是怕吃得不对导致体重上涨，于是就一味地控制饮食，而节食弊端之大我相信各位都有所耳闻。

说起节食减肥，我想先问大家一个问题，假如让你一个月瘦5公斤，你该如何行动?

估计十之八九的人会说，“我很懒，不喜欢运动，我控制一下饮食减肥吧。”有这种想法的人要注意了，如果你不运动却想减肥，就一定会苛刻地控制饮食，甚至开始节食，比如不吃肉，不吃主食，不吃晚餐，早午餐也尽量少吃，饿也要忍着，精神上承受着巨大的压力，但身体很诚实，它不满意就会开始“报复”了!

刚开始节食的时候，一般都能瘦，有些人可能还瘦得很快，这时你不要欣喜过早，因为节食一周左右，体重可能就不再下降或者反弹。我之前看过一则新闻，某大学一女生整整 10 天不吃饭只喝水，瘦了 7 公斤。别激动，这其中水分大约占了 6 公斤，而脂肪才 1 公斤不到，最后她还落得个免疫力严重下降的后遗症，连生理期都紊乱了。

之前的内容我也说过，在我肥胖的时候我难以掌控自己的体重，我觉得只有节食才可以使体重下降，为了减肥我每天只吃黄瓜西红柿，第一个月确实瘦了 10 公斤，但第二个月我稍微恢复正常饮食正常吃三餐的时候，就瞬间反弹了 15 公斤。这样的事情极其容易摧毁减肥者的决心，很多人不是不愿意减肥，是经过了努力发现是徒劳，要么没瘦，要么瘦了后反弹。

减肥成功后，为了帮助更多人减肥，我组建了线上减肥营，有了更多的和其他胖友沟通交流的机会。根据调研，我的线上减肥营 95% 的学员在加入减肥营之前都采用过节食的办法，而这 95% 的学员最终也遭遇了失败或者反弹。

所以你想减肥，到底是想通过健康的方法瘦下来，还是无论什么方法，只要能瘦 10 公斤就行，即使瘦了以后身体不健康生了病也没关系呢？为什么我一直不建议节食减肥，不仅因为节食会让你饿得难受，还因为也许你节食一段时间也达不到预期的减肥效果，或者有一天忍不住多吃几口导致体重反弹前功尽弃，或者因为对抗不了美食的诱惑，最终妥协而暴饮暴食。

更可笑的是，有些人嘴上说着节食减肥，饮食上只比之前少吃点水果，或者去掉了加餐。还有很多人早餐午餐都吃饱，只是不吃晚餐，这不是节食。也有很多人不吃早餐，午晚餐却暴饮暴食，这也不是节食，所以节食并不是以不吃某一餐来判断。

首先在这里大家要明白什么是节食。真正的节食是指每日只吃少数几样东西，比如我之前减肥，每天就吃黄瓜、西红柿，或者很多人采用所谓七日苹果速瘦法，七日鸡蛋减肥法，因为我们每天需要摄入不同的营养满足身体的需求，如果只吃少数几样东西则属于节食。说得再简单点，就是减肥期间不吃或者只吃某几类食物的方式就属于节食减肥了。

还有一种判断节食的方法是，每日摄入的热量低于身体正常的基础代谢所需的热量，比如看似吃的种类比较多，但食物摄入总热量低于我们日常所需要的最低能量需要，这样也是不健康的。

大家都知道，身体组成包括骨骼、内脏、体液、脂肪、肌肉、毛发等。而节食减肥一般是“一刀切”，你减少的体重可能什么都有：水分、脂肪、肌肉等。水分、脂肪都是可逆的，相对容易重新制造出来的。而如果肌肉流失了，就不会轻易地长回来。而且人体内的耗能大户正是这些肌肉，若你丢失的体重里面包括很多的肌肉，那么你身体的自然能量消耗就会大幅度下降，这意味着，你摄入和以前一样多的热量，本来靠着身体自然消耗就可以消耗掉这些能量，现在肌肉少了，消耗不完了，剩下的热量自然就贮存在身体里让你变胖了。所以你现在应该明白，为什么一旦停止节食减肥，恢复正常饮食，体重一下子就开始反弹了吧！

那不节食减肥该怎么吃呢？就是要学会合理控制饮食，养成科学的饮食习惯，比如在日常的饮食中，有意识地增加优质蛋白质和脂肪的摄入比例，减少糖类和碳水化合物的摄入。

其次三餐要定时定量地吃，可以根据能量需要和自己的习惯规划三餐比例。

比如我之前的早中晚三餐比例是 5∶4∶1 或者 4∶4∶2。晚餐一定要晚上七点前吃，七点后就不要摄入食物了，因为晚上运动少的话身体代谢慢，吃太晚很容易发胖。

另外还要注意食物摄入要多样化，比如每天中午吃三种蔬菜，肉类可以隔一天吃一次，一次吃 50 克左右，也就是红枣大小六七块的样子，尽量选择鱼虾，因为鱼虾的脂肪是对人体有利的脂肪，同时每天早晨可以吃水煮蛋补充蛋白质，定期摄入一些豆制品。减肥不要不吃主食，要定量地吃，以粗粮为主的主食最佳。

比如我之前讲过的“彩虹”饮食法，大家可以好好研究学习一下，把所有食材写在纸上，分别分为主食类、蔬菜类、蛋奶类、水果类、肉类，各种食物按照颜色分类及搭配，每天保证摄入多种颜色的食物，只要总摄入量固定好不超标且通过运动多燃烧一些堆积身体内的热量就是很棒的健康减肥方式。

减肥真的不要熬夜，因为熬夜会影响你的基础代谢。每天晚上按时作息，11 点前准时睡觉，如果睡前有点微饿的感觉很正常，可以适当喝点水来缓解，慢慢肠胃适应了也就不饿了。其实减肥期间有轻微的饥饿感很正常，享受它就是在享受慢慢变瘦的过程。不经历风雨怎能见彩虹，不打破你身体原有的平衡，怎么能建立起新的瘦身平衡呢？不破不立，破而后立，让身体离开舒适区，减少热量摄入增加热量消耗，但一定要采用正确的方法。

无论你减肥的动力是什么，都不要以牺牲身体健康为代价去完成减肥，生命是可贵的，健康是无价的，更何况只要通过合理饮食和适当运动，就一定能瘦下来，所以为什么还要尝试那些不健康的方法来减肥呢？朋友们，对自己好

这样吃，
不节食也可以减肥哦。

一点，对健康负责一点，不要再节食减肥，只有健康减肥才不会辜负你美好的人生。

接下来我给大家推荐一个食谱，学会了“彩虹”饮食法的你一定可以看懂这个食谱的健康奥妙之处。

早餐：南瓜山药糊1碗，蒸鸡蛋1个，全麦面包2片。

中午：三色米饭100克，小白菜、快菜烩豆腐400克，鸡胸肉3块。

晚餐：苹果1个，坚果50克。

这个食谱满足了科学、健康的需求：

主食多样：黄色的南瓜，三色米饭（黑米、糙米、大米）。

荤素搭配：有适量的鸡胸肉补充肉类的微量元素和营养。

蛋白充足：有白色鸡蛋和豆腐补充蛋白质，白色的山药养胃且提高饱腹感。

适量坚果：有淡黄色的适量坚果补充有益的脂肪。

新鲜水果：有红色的苹果作为水果补充水果的营养。

蔬菜丰富：有绿色的小白菜和快菜补充蔬菜的营养。

这就是一个标准的“彩虹”饮食食谱，食材丰富，营养均衡，饱腹感强，利于减肥，所以朋友们可以按照这样的规则来给自己制订专属食谱。

早餐

南瓜山药糊一碗，蒸鸡蛋一个，全麦面包2片

午餐

三色米饭100g，小白菜、快菜烩豆腐400g，鸡胸肉3块

晚餐

苹果1个，坚果50g

第21天 为什么你吃得少还胖

我的很多学员经常问我，“张老师，为什么我明明吃得很健康，吃得也不多，却还是无法减肥成功反而越来越胖呢？”“张老师，我晚上也不吃饭啊，中午也吃得很注意，但怎么没瘦？”“张老师，我都每天只吃青菜了，怎么还越来越胖呢？”

想必很多时候，多数人都会以热量来作为衡量食物是否健康的唯一指标。总会查查某种食物的卡路里是多少，根据卡路里来制订饮食计划，比如觉得每天饭量减少一些就会有立竿见影效果，所以就会出现刚才那些学员问我的问题，而你如果希望减肥成功，制订一个真正科学的饮食计划，还必须了解食物的另一个指标：GI 值。

GI，中文名称为“食物血糖生成指数”，也称“升糖指数”——反映食物引起人体血糖升高程度的指标：

为什么我都吃草了，
还是会胖呢？
不吃

GI ≥ 70 的食物为高 GI 食物

55 < GI < 70 的食物为中 GI 食物

GI ≤ 55 的食物为低 GI 食物

一般 GI 值在 40 以下的食物，是糖尿病患者可安心食用的食物，所以也是减肥人群放心吃的东西。

GI 值高的食物，例如薯片、汽水等，由于进入肠道后消化快、吸收好，葡萄糖能够迅速进入血液，在短时间内会使血糖升高，胰岛素就会唤起身体机能，这些食物不仅可以将吃进体内的热量转化为脂肪，而且易导致高血压、高血糖的产生。最惨的是，胰岛素分泌增加过后，血糖含量又会降低，你就又饿了，你会继续吃……周而复始，越来越胖！

而 GI 值低的食物由于进入肠道后停留的时间长，葡萄糖进入血液后峰值较低，引起餐后血糖反应较小，让血糖值维持在比较稳定的状态，所以，能带来更长时间的饱腹感。血液里没有多余糖分残留，人也就不容易发胖。因此食用低 GI 的食物一般能够帮助身体燃烧脂肪，减少脂肪的储存，达到瘦身的作用，而高 GI 的食物恰恰相反。

大家了解了 GI 值的概念后，还应该了解以下几个减肥必须注意的与 GI 值有关的饮食习惯，按照这几点做就一定会越吃越瘦。

1. 一般来讲，膳食纤维越多的食物，GI 值越低。因此，绿叶蔬菜、豆类、薯类以及全麦制品等，减肥期间大家可以多吃。

虾条

2. 粗细搭配。比如我们午餐晚餐先吃菜，吃到差不多饱再适量吃一些饭。我在减肥期间，经常做杂粮饭或者杂豆饭，就是米饭里放黑豆、玉米、燕麦、糙米等各种粗粮来代替一部分大米，起到增加饱腹感减肥的效果。

3. 避免饭后加餐。吃饱饭后血糖值正在上升，此时若再摄取食物，尤其很多人喜欢饭后吃甜点，吃水果，就容易肥胖。

4. 越少加工、越简单的烹饪方式越好。许多人可能会以为稀饭含水量多、热量较低，减肥时用以取代米饭，是个不错的选择。事实上，由于稀饭中的淀粉糊化程度高，易被肠胃吸收，GI 值反而大于干饭，这也就是为什么吃完稀饭往往较快感到饥饿，为什么有边吃边喝或者饭后喝水习惯的人会越来越胖的原因。这也解释了为什么喜欢吃面条、麻辣烫、火锅等汤汤水水的人相对更容易肥胖。

5. 低 GI 不等于低热量。值得注意的是，很多人以为水果是低 GI 食物，就毫无顾忌地吃，甚至打成汁取代正餐，以为可以达到减重效果，没想到却越喝越肥。这是因为水果甜度高、本身热量并不低，打成汁后 GI 值还比整个水果来得高。比如牛油果，GI 值为 27，但每 100 克牛油果所含热量高达 160 卡，在水果里算很高的。再以蔬菜为例，一般蔬菜 GI 值很低适合减肥，但若加上奶油、白酱和糖等，热量就会非常高。

其他食物如花生、炸豆腐、腰果、培根、火腿、香蕉、芒果、奶油等也都属于低 GI 食物，但热量都不低，如果毫无限制地吃，后果就是胖。所以我们在吃低 GI 食物的同时，也应该适当注意各种食物的热量。

总而言之，要养成正确良好的饮食习惯，避免过量的高碳水化合物摄入，

小心！这些低GI的食物
多吃也容易发胖
NO
花生
炸豆腐
腰果
培根
火腿
香蕉
芒果
奶油

拒绝甜食；尽量减少精制米面之类的主食比例；避免煎烤食物，采用水煮、蒸、炖或低温处理。尽量选择低 GI 低卡的食物，如果吃的东西里有高 GI 食物，也应该先吃低 GI 食物，再吃高 GI 食物，这样可以使得血糖上升的较缓慢一些，同时要养成细嚼慢咽的习惯。饮食的种类和吃饭的时间，都能在一定程度上预防血糖值急剧上升。

第22天
了解热量消耗的三大途径

我们都知道，想长期保持身材，就要让每日的摄入卡路里约等于每日消耗的卡路里，也就是热量摄入和热量消耗要平衡。如果想变瘦，我们就需要让每日摄入的卡路里低于每日热量消耗的卡路里。

热量如何消耗呢？热量消耗有三个途径，它们分别是基础代谢、体力活动和食物特殊动力作用。

基础代谢，下一节重点讲，这里重点介绍热量消耗的另外两个途径——体力活动和食物特殊动力作用。

体力活动，占每日热量消耗的20%左右，我们想要减肥，每天要坚持一定量的运动，在每天卡路里消耗的三个因素中，只有体力活动效果最明显也最容易改变习惯。也正因为如此，运动量大的人比不运动的人可消耗更多的热量。

运动被称为最好的消耗能量的方式。如果你想要燃烧更多的卡路里，单单日常的家务劳动、上下班走路等是远远不够的。需要通过专门的针对减肥的运动方式才能瘦得很快，比如我自己 100 天减 50 公斤，就是每天下午或者晚上专门去做 1 小时自己独创的减肥操等。

食物特殊动力作用，就是消化、吸收、运输和储存你吃下去的食物也需要卡路里，这大约占到每天卡路里消耗总量的 10%。比如你吃的是粗纤维丰富的难消化的食物，如粗粮、蔬菜等，就会多燃烧一些热量，如果你吃的是奶油、甜食、酥软的东西，身体消化吸收就很快，就会越吃越胖。

讲到这里大家就明白了吧，很多人减肥成功，是因为他们饮食中多蔬菜，粗细搭配，天天坚持运动，而且按时作息，他们尽可能让自己的基础代谢、食物特殊动力作用和体力活动都起作用，这样才能事半功倍，成功减肥！

第23天

要想减肥，了解基础代谢很重要

基础代谢这个词大家不陌生，标准的解释应该是：人体在 18 ~ 25℃室温下，空腹、平卧并处于清醒、安静的状态称为基础状态。此时，维持心跳、呼吸等基本生命活动所必需的最低能量代谢，称为基础代谢。其数值与性别、年龄、身高、体重、健康状况有关。这部分消耗的热量占人体每日总热量消耗的 65% ~ 70%。

所以要想减肥基础代谢是关键，减脂期的我们无论是运动还是控制饮食，都是为了热量缺口，但一味地降低摄入量并不是长久之计，而一味地多运动，有时候也难以坚持，所以只有提高自己的基础代谢才是最简单的而且效果最好的减肥方式。

那么如何提高基础代谢呢？大家首先要采用健康的减肥方法。节食、吃药等会伤害身体的健康，身体健康指数下降，你减肥的速度就会变慢。注意饮食多样化，饮食均衡，不要采取过于极端的饮食方式，尤其注意碳水跟脂肪的摄

提高基础代谢
才能有效减肥

入一定不能长期保持在极低的水平。男性每日热量摄入建议不低于 1400 千卡，女性不低于 1200 千卡。

其次注意健康的饮食习惯，定时定量吃饭，按时作息，如果总熬夜，总暴饮暴食肯定不行。

再次，一定要运动，如果不能运动，不要开始减肥，否则容易失败或者反弹，体质也不会提高。运动建议以有氧运动为主、无氧运动配合的方式，有计划地增加肌肉含量。当你的肌肉含量多了，你每天即使静息状态下消耗的热量都会变多。

最后，注意维持良好的心情，如果心情不好，总急躁焦虑，那么也会影响一个人的代谢和减肥效果。

基础代谢很重要，我们常会发现身边的年轻人饭量大，能吃饿得快，还长不胖，男的身体健壮，女的身材苗条；但上了年纪的人饭量小，吃一点就饱。不仅如此，身体还会越来越胖，体力也越来越差。造成这些现象的根本原因就是基础代谢率因年龄不同而存在差异。也就是说当你过了 25 岁，即使没有多吃，保持一样的运动，但由于基础代谢消耗的热量少了，你的体重也会持续上升。所以，减肥要趁早。

基础代谢率从来都不是一个固定值，它会随着我们的年龄的变化而产生抛物线式的波动。一个健康的成年人大约在二十多岁达到基础代谢率的最高峰，随后每年缓慢下降，下降的速率与个人的生活作息、运动习惯息息相关。

第24天 降低基础代谢的10种情况

昨天给大家讲了基础代谢的定义以及测算基础代谢率的公式，大家应该明白了，要想燃烧脂肪，除了运动、合理饮食外，原来还要注意基础代谢的提高，只有基础代谢提高了，减肥才能事半功倍。

那么哪些行为会伤害你的基础代谢呢?

第一，过度节食

节食是很多人常见的饮食控制手段，因为大多数人认为吃得少热量摄入少，瘦得就一定快。但节食过的人都知道，在节食开始的一段时间，因为与之前的饮食热量摄入相比，明显减少了很多热量摄入，体重会下降，但过1~2周，随着体重迅速下降，身体摄入的热量不足，人体就会自动启动“防御机制”，对节食造成的热量损失做出降低基础代谢率以保存热量的反应，并且在之后的日子里，将吃进身体里的每一口食物都转化成卡路里存储起来。

所以节食越久，基础代谢率就降得越厉害，水分和肌肉大量流失，直至最后就算每天只吃一点，体重也不会下降。当恢复正常饮食时，由于基础代谢率过低无法消耗突然增加的卡路里，反而会造成体重的迅速反弹，导致更多的脂肪填补了流失掉的肌肉，得不偿失。

第二，蛋白质摄入较少

很多人减肥只追求少热量但忽视营养，比如他们没有节食，美其名曰每天正常吃三餐，只是每顿少吃些，主食也少吃，水果、蔬菜也少吃，但身体非但没轻，反而有发胖的迹象。一顿健康的饮食包含了蛋白质、碳水化合物、膳食纤维、维生素和矿物质等多种营养素，其中，蛋白质对减肥来说至关重要。摄取足量的蛋白质能够提高机体的新陈代谢水平，会使人体每日多燃烧150 ~ 200 千卡的热量。而适量的蛋白质可以提高饱腹感，提高基础代谢。所以减肥期间必须将蛋白质加入你的餐单，不要一味地只吃蔬菜或者水果。

第三，不吃早餐

人在经历了一晚上的睡眠后，新陈代谢率会很低，只有到再吃饭时才能恢复。所以，早餐对一个人的健康是至关重要的，很多人上班忙，早晨起得晚，就忽略了早餐，甚至很多人说少吃一顿当减肥了。但大家要知道，如果忽略早餐，身体在午饭之前不可能和往常一样燃烧脂肪。而且人上午代谢比较快，如果不吃早餐则失去了一天代谢最快的时机，对减肥不利。所以早餐是新陈代谢的启动器。只有吃早餐，上午的代谢才会变快，否则忍受了饥饿还不能减肥，何苦呢?

第四，饮食习惯不好

饥一顿饱一顿，或者饮食结构单一，或者饮食不规律（不按时吃饭），都会导致基础代谢降低而致肥胖。少吃多餐是利于减肥且容易增加基础代谢的习惯，每天吃 4 顿小餐要比 3 顿大餐更能保持较高的新陈代谢水平。两餐之间的时间要尽量保持在 2 ~ 3 小时，并且要保证每餐必须有蛋白质食物，它是新陈代谢的增强剂。但减肥人群一定注意多餐的前提是每顿少吃，如果每顿和之前一样，那就失去了少吃多餐的意义。

第五，不吃碳水化合物

很多人减肥完全不吃主食，其实不正确，减肥期间不能完全不摄入碳水化合物。碳水化合物里面不仅仅提供能量，大部分的 B 族维生素也是由谷粮类提供的，吃了直接就有力气做运动，否则每天饿得难受或者没精神慢慢人就垮了。而且要多吃好的碳水化合物，更有助于增加基础代谢。精制碳水化合物，如白面会使胰岛素水平不稳定，也相应促进了脂肪在体内的存储，由此会降低新陈代谢率。因而，补充碳水化合物时，应以含高纤维者为佳，如各种粗粮及全麦谷物等，它们都属于好的碳水化合物，这些食物对胰岛素水平影响很小。

第六，经常熬夜，睡眠不足

不规律、质量不高的睡眠也会导致基础代谢下降，睡眠时间太少也会减少身体在安静时的能耗水平。当然，好的饮食习惯对于夜间睡眠也很重要，即在

作息、饮食
不规律，会让
你越来越胖

睡觉前 4 小时不要进食、不要饮茶、喝咖啡、喝酒，可以喝水。但我发现很多肥胖者，在晚上 7 点后也经常随便吃喝东西。大家记住，健康的减肥需要养成科学的生活习惯。为了提高基础代谢，最少每天要睡 7 个小时，这 7 个小时还不是 24 小时随便挑出 7 小时，务必于每天晚上 11 点之前睡觉，这样才健康。这一点请大家务必牢记。

第七，喝水不足

很多人不喝水，也许是怕肥胖，还说自己是喝凉水都长肉的体质。其实不是这样的。水是没有脂肪的，喝水不会肥胖，正常情况下每天喝 2000 毫升水还是有必要的，适当地喝水也可以提高饱腹感。比如我之前减肥期间，晚上 7 点前一定会吃晚餐，如果有时候因为学习、工作需要睡得很晚时，我会喝一杯水，这样可以缓解饥饿。但说起喝水，我们减肥的朋友当然要会喝水，尤其早晨起床、上下午以及锻炼后要多喝水，但要避免喝冷饮和冰水，多喝温水有助于健康。我之前看过一个报道，如果一个人不经常喝水，经常因为缺水而轻微脱水时，他的代谢就会下降 3%。人感觉口渴时，身体的基础代谢一定是很慢的。

第八，年龄增长

这是一个客观原因。基础代谢率并不是从小到大都恒定不变，它也会随着年龄的增长而产生波动。一般在二十多岁的时候基础代谢率是最高峰，随后每年缓慢下降。年纪的影响不是我们所能改变的，有很多胖人到一定的年龄就会有疾病产生，而疾病会很大程度上影响我们的健康和代谢，比如甲状腺功能减退的人代谢就很慢，再比如很多胖人到了一定年龄，腰腿关节有问题，不能运动，而且饮食习惯也不注意，这样的人代谢也很慢，所以，减肥要趁着年轻，别拖延犹豫。不要等年纪大或者生病了，才去减肥。因为那个时候你要付出的是比年轻时双倍的努力，我们为什么要浪费越年轻基础代谢率越高这个天然优势呢?

第九，情绪不稳定

很多朋友在心情不好的时候、工作压力大的时候喜欢喝杯奶茶来改善；心情好的时候，会犒赏自己一块蛋糕；工作不顺，约上几个朋友喝酒发泄；工作顺利，也喜欢和同事们一起聚餐庆祝……

人要学会自己掌控情绪，能够发泄情绪的方式有很多，不要任何情绪都和吃挂钩。

记住，人在情绪不稳定的时候往往容易犯错误，而且身体会产生一种激素皮质醇，更会刺激你的食欲，让你越来越胖。减肥的朋友们，你要成为情绪的掌控者，而不是被情绪所掌控，成为情绪的奴隶！要想提高代谢，一定要注意调适心情。

第十，从不运动

很多人懒惰，减肥从不运动，而减肥不运动的话，就需要严格地控制饮食甚至节食，这样下去，基础代谢不但很难提高，还会逐年下降。而坚持运动的

这些行为
正在伤害你的基础代谢
工作、学习压力大
压力大
奖励
一杯
心情好
犒赏
一块
熬夜加班
工作不顺
喝酒
发泄下

坚持运动会
提高基础代谢
体质越来越好

人体质会越来越好，基础代谢也会提高。所以大家要牢记，要想减肥，必须采用适当的运动方法，任何人减肥不运动，瘦下来也容易反弹，皮肤容易松弛，代谢也不会提高。增加运动量肯定会增加你的新陈代谢，千万别小看每天的运动量，它除了可以帮助你消耗热量、减轻体重外，更大的好处是：运动之后，能将氧气带到全身各部位，各个器官得到的营养多了，功能得到了加强，一些亚健康的症状也就消失了。所以，任何人都没有理由不运动，运动是每天都必须做的功课。没有时间、工作忙等都是借口。我之前因为体重太重，各种运动都坚持不了，于是就独创了一套在家里轻松坚持的减肥操，我组建的线上减肥营里，无论是二十多岁的姑娘，还是五十多岁的中年人，都可以轻松坚持，大家减肥的同时提高基础代谢，一举两得。

说到这里，大家明白了，其实提高基础代谢不难，就是会吃、会喝、会睡、会动。而基础代谢的恢复，至少需要半年，也就是减肥成功后大家最好保持半年以上才算稳定。

第25天 吃负卡路里食物真的会瘦吗

前面讲过，要想减肥快且健康就得想方设法燃烧脂肪，燃烧脂肪有三个途径：一个是提高基础代谢，另一个是运动，还有一个是食物热效应。今天就给大家讲讲食物热效应，这个词对很多人来说都比较陌生，但大家一定听说过"负卡路里食物"这个词，也都听说过"负卡路里食物"会越吃越瘦，到底真的假的？

首先给大家解释一下负卡路里食物到底是怎么一回事儿。是不是这些食物的卡路里是负值，吃进去就能抵消掉身体内的能量呢？其实，只要是食物都是有热量的，不存在卡路里为负的情况，而所谓的一些负卡路里食物也是一些商家想出的讨巧的减肥概念。所谓的负卡路里食物，是指身体消化吸收某些食物所需要的能量大于食物本身给身体提供的能量，简单来说，就是吃了负卡路里食物，热量比较少，而它也能促进身体消耗更多能量，从而来达到减肥的目的。

举个例子：一个苹果的热量大约为 50 卡路里，而身体消化掉这个苹果需要 75 卡路里，相当于你吃了苹果之后，身体反而要多付出 25 卡路里，这就是所谓的“负值”了。

一般情况下，所谓的负卡路里食物往往都是热量低的食物，比如各种蔬菜和水果，而这些食物还有一个共同点就是含有丰富的膳食纤维。

膳食纤维最大的特点就是增强饱腹感，它既不能被胃肠道消化吸收，也不能产生能量，完全不用犯愁吃了会增加多少脂肪。2016 年出版的《中国居民膳食纤维摄入白皮书》显示：中国居民膳食纤维摄入严重不足，每日摄入量大约只有 11 克，还不到推荐量 25~30 克的一半！

负卡路里食物大概分为两类：

第一类是水、茶、咖啡等。以水举例，如果不加糖等添加成分，水的确没有什么卡路里，但如果为了减肥，每天就只喝水，那也没有任何意义。咖啡和浓茶的作用比较类似，不放糖和奶它本身没有热量，喝多了的确会让人兴奋，一定程度上可以促进代谢，身体的能量消耗轻度增加，勉强算是“负卡路里”。这也是国外一些减肥食谱中必备黑咖啡这一项的原因。不过，咖啡的代谢能力人与人是不同的，有些人喝了之后会发生心慌、头晕、胃痛、失眠等状况，就不能多喝。但茶、水、咖啡充其量也只是一种喝的东西，它不能代替任何我们吃的有营养的食物，所以无论卡路里高低，也不能只靠喝咖啡减肥。

第二类是各种蔬菜和水果。大多数蔬菜和水果本身所含的热量比较低，所含脂肪和碳水化合物也不多，饱腹感比较强，的确能增加减肥效果，但这些东西毕竟是有热量的，比如白菜，你吃了白菜，会让你吃其他食物的量减少，那

勉强称作
负卡路里的饮品
茶
咖啡
负卡路里的
蔬菜和水果
香蕉
橙子
芹菜
茄子
苹果
西红柿
冬瓜
白菜
木耳
西兰花

么这顿饭整体的热量就会降低。从这个角度来说，吃了它们，的确是有利于预防肥胖的。如果把这种食物叫做“负卡路里食物”，也比较牵强。天然食物里基本上都有卡路里，其实没有绝对易瘦的食物，也没有绝对易胖的食物，主要看你吃了多少，怎么吃的。

在负卡路里蔬菜中，芹菜最出名，但如果你吃得少，打算每天只吃一小盘芹菜过日子的话，大概率会饿死。但只要吃得足够多，摄入的总热量还是能满足人体每日所需热量的，前提是你吃得下这么多芹菜，如果天天只吃芹菜你能坚持几天呢？所以靠某一种食物来减肥，还宣称负卡路里食物可以狂吃是不靠谱的，这些所谓的负卡路里食物毕竟不代表食物本身没有热量，一旦吃得过多或者烹饪方式不当，累积起来也会造成热量吸收过多。所以负卡路里食物的摄入量也要适当控制，同时注意将不同种类的蔬菜与水果巧妙搭配，尤其要避免吃糖分较高的水果。

减肥期间吃蔬菜也有一些讲究，不要只吃一两种蔬菜，比如我减肥营的很多学员在加入减肥营之前的饮食就非常不科学，只吃黄瓜、西红柿、芹菜等少数几样蔬菜，时间长了一定会导致营养不良！因为像蔬菜水果这类食物几乎无法提供蛋白质和脂肪，身体长期没有蛋白质的补充就会影响基础代谢，基础代谢降低，你的减肥效果就会越来越差。

我在减肥期间，平均每天要摄入 5 种以上蔬菜，蔬菜颜色搭配至少 3 种。每种蔬菜都有颜色，比如黑色的木耳、白色的冬瓜、绿色的西蓝花、紫色的茄子、红色的西红柿等。建议大家尽量摄入更多种类的蔬菜，以保证减肥期间营养均衡。

虽然在减肥，但不要过分注重食物的热量，只选择所谓的负卡路里食物不见得就会帮助你减肥成功。减肥的本质在于摄入热量小于消耗热量，而不是计较食物是否会“负热量”，饮食要注意摄入新鲜蔬果，注意吃天然全谷、杂豆和坚果类，控制油、糖和淀粉类食物，才能有效地减肥。所以大家一定要有正确的认知，不要总想着走捷径，要科学饮食，适当运动，这才是健康减肥的不二法则。

第26天 你会吃早餐吗

在帮助学员们减肥的过程中我发现，上班族总说自己工作太忙，常吃外卖；家庭主妇说自己照顾孩子没时间做饭，三餐很不规律；上学的孩子说自己在食堂不知道吃什么，总之总有各种各样的原因。90% 的人都不知道怎么正确地吃三餐，这种状况的的确确会影响减肥的效果。

今天先来说说早餐。很多人对早餐不够重视，所以我先来讲讲早餐的四个误区。

一是不吃早餐。放弃早餐的人，到了午餐时间必定会饥肠辘辘，食欲大增，午餐的时候必定吃得更多些，摄入更多的热量，这样想要减肥就会难上加难。

二是早餐搭配错误。我曾经在我的减肥营做过一项调查，大多数学员都有吃早餐的习惯，但这些肥胖的学员很少注重早餐的营养是否均衡，知道应该吃早餐，但大多只是出门时随便买一点豆浆、油条、包子、馒头等，而这种吃法其实并不健康。油条在高温油炸的过程中营养被破坏，并产生致癌物质，对健康不利。油条跟其他油炸食品一样都存在油脂偏高、热量偏高的问题，吃多了容易发胖。

三是吃早餐太匆忙。很多人忙着上班或者不注重吃早餐，总是拿着饼干、薯片、葡萄干、巧克力、点心、蛋糕等充当早餐，殊不知，这些零食大多是垃圾食品，摄入热量高的同时，饱腹感极差，营养也很少，最后只会越吃越胖。

四是吃早餐不定时。吃早餐最好的时间是起床后半小时，也就是每天早晨7~8点吃早餐最理想，这时人的食欲最旺盛，而且早餐与午餐最好间隔4~5小时，否则总是不定时吃饭就会带来一系列肠胃及肥胖问题。

理想的高质量早餐应该包括以下几类食物：谷薯类、豆类、蔬菜类、水果类、蛋奶类和粥汤类。

如果一顿早餐上述六类食物全有了，或包括了其中的五类，都属于优质早餐；若包括其中的四类，早餐质量算较好；只包括三类的话，勉强算及格；若只有两类或一类，则早餐质量差，不及格。那么早餐吃什么比较好呢？比如：500毫升燕麦粥类配100克凉拌菜，类似西蓝花拌豆干、西芹拌杏仁等，再加上一个煮或蒸的鸡蛋。这样不就营养很均衡、丰富了吗？

上班族如果实在没时间做，路上买早餐的话，一个饼夹菜也不错：饼里夹些胡萝卜丝、紫甘蓝丝、绿豆芽这些蔬菜（注意不要土豆丝）以及豆腐干、豆腐丝等豆制品，再加上一个鸡蛋和一碗粥，饱腹感强且营养丰富。

很多人早餐吃得尤其简单，比如只有牛奶加鸡蛋，听上去不错，但如果早餐只有这两样，不但食物中的部分优质蛋白质会因提供能量而被浪费掉，没

你的早餐
合格吗？

有碳水化合物的主食也不利于身体里血糖的维持，要知道血液中的葡萄糖是大脑唯一的能量来源，所以这样的早餐往往会导致上午的工作效率或学习效率比较低。

下面是常见的错误早餐搭配。

1. 西式早餐。很多人早餐吃薯条、汉堡等，这种食物热量很高，不建议早餐食用。

2. 牛奶、面包。有些人吃的面包是奶油面包或者夹心面包，大多是高糖高油食物，且很多面包里含有反式脂肪，对身体健康不利。

3. 油饼、油条。这种高温油炸食品，不仅油脂偏高，较难消化，而且食物经过高温油炸之后，营养素会被破坏，还会产生致癌物质，最好不吃。如果非要吃，一星期不宜超过 1 次，如果早餐是烧饼油条，那么当天的午、晚餐要尽量清淡，不要再吃炸、煎、炒的食物。由于早餐缺乏蔬菜，另两餐要多补充。

4. 早餐喝粥或者豆浆习惯放糖。很多人喝牛奶也放糖，其实减肥期间不建议大家额外放糖，这一点也一定要注意。

5. 零食。很多上班族早晨没时间吃饭，于是将酥脆的苏打饼干、夹心饼干、各种派等当作早餐，这也是不科学的，因为经历了一夜的消耗，各种消化液已经分泌不足，这种干食以谷类居多，缺少优质蛋白，只能提供短时间的能量。而且很多零食卡路里很高，虽然看起来吃得不多，但热量却很高。而且没有营养的早餐也会让你经常容易便秘，便秘也会影响体重下降。另外，很多上班族，由于时间紧，早餐常边走边吃，这样对肠胃健康更是不利，不利于消化和吸收。

错误早餐搭配
汉堡
薯条
牛奶
面包
牛奶
油条
油饼
粥/奶
加糖
牛奶
糖
饼干
零食
只有
水果

6. 只吃水果。部分减肥者用水果当早餐看似“健康”，但早餐是一整天能量的来源，需要主食和蛋白质来提供热量。如果早餐长期不吃主食，会造成营养不良，并导致身体代谢变慢。而且只吃水果很容易饿，饿了就会导致午餐晚餐暴饮暴食，更容易肥胖。此外，香蕉等水果都不宜空腹食用且很多水果是高糖分食物。

综上所述，早晨代谢较快，而且一日之计在于晨，早餐的搭配万万不能马虎！早晨一定要定时吃，最好安排在6：30~8：30，用15~20分钟的时间在家吃完。上班族可以在前一天晚上先把食物做成半成品，早上煮汤热饭的时候，见缝插针地洗漱、收拾，就能为吃早餐腾出时间。并且食物要多样，整体上低油低脂即可，只有科学的搭配，才可以更健康，你学会了吗?

第27天 你会吃午餐吗

首先从三餐的比例来说，早、午、晚三餐的比例为5:4:1，那么午餐的比例是4，七八分饱的感觉即可。定时定量、该吃就吃，养成在11：30~13：30吃午餐的习惯，能使胃肠道功能正常发挥与调节。忍着不吃或是忙得不吃午餐只会增加晚餐暴饮暴食的概率，长期下来，不仅特别容易导致肥胖，还可能引发胃病。

大家要知道午餐致胖的三大杀手。

第一大午餐杀手：油炸类食物。长期食用油炸食物的危害可能还要高于吸烟饮酒。油炸食物在制作过程中，产生了亚硝胺、苯并芘和丙烯酰胺三大有毒物质，严重威胁身体健康。而且油炸食物的热量太高，即使食材是蔬菜、薯类等低脂肪食物，经过油炸之后，脂肪含量翻倍，且不易消化，长胖的同时还给肠胃造成负担。

第二大午餐杀手：高糖、高升糖指数食物。午餐吃得太甜会让你一整个下

午餐建议
主食
蔬菜
肉类
高油脂的动物内脏和肥肉

来进行消化。而大脑长期处于缺血缺氧的状态，下午的工作水平将大大降低。而且越吃越瘦的人都把握了一个原则：先吃热量低、高膳食纤维的食物，能促进肠胃消化，并且限制较高热量食物的摄入。记住“喝清汤→蔬菜→肉类→主食”的顺序，这个顺序进食对减肥效果好，而且饱得比较快！最后大家要牢记，午餐吃蔬菜一定要吃多种类型的蔬菜，否则午餐吃不好，晚餐稍微吃多就容易胖。

所以，减肥的朋友们应该避免外出聚餐。主食午餐必须吃，每天二两米饭或者其他五谷类，或者用薯类等代替一部分主食也是完全可以的。同时多吃蔬菜，每天的蔬菜种类要丰富，每天 3~4 种蔬菜是必须的，要多吃菌类蔬菜和绿叶蔬菜等，纤维丰富热量低。适当吃一些肉类，每天控制好量，鱼虾优先，白肉次之，别吃那些高油脂的动物内脏和肥肉，平常主食和菜肉的烹饪方式，多蒸煮、少油炸。

第28天 你会吃晚餐吗

要想减肥，必须科学吃三餐，要定时定量地吃，我们要设置一个比例，比如早午晚三餐比例为5:4:1，晚餐比例是1，晚餐的总原则就是吃一些清淡的东西充饥即可。晚餐并不适合大鱼大肉或者吃得很饱，而且减肥的朋友晚上七点后就不要再进食任何食物了，或者睡觉前4小时不要吃任何东西。

晚餐的食材和做法建议以清淡为主，多吃些低卡且饱腹感强的食品，比如，苹果、猕猴桃、柚子等水果，或者吃些黄瓜、西红柿等清淡的蔬菜，或者吃些玉米、全麦面包等粗粮即可。晚餐的任务是充饥，而不是美味。晚餐千万不要吃那些炸、咸、甜的食品！主食要少吃，尤其是面粉制品不要吃。晚餐后不要立即坐着，可站立30分钟后再坐着，或者出去散散步。如果是跑步、减肥操这样的活动，饭后1~2个小时锻炼最理想。

具体来说，晚餐有十大误区大家要注意。

晚餐建议
多吃
少吃
虾条

误区一：吃晚饭要吃饱

晚餐吃得过饱，会使血糖、血中氨基酸及脂肪酸的浓度升高，从而促进胰岛素大量分泌。而人们在晚上活动量通常较少，热能消耗会很低，多余的热量在胰岛素的作用下合成大量的脂肪，会使人逐渐发胖。所以，晚餐应该清淡，摄入的热量不应超过全天总热量的30%，这有利于避免和控制发胖。晚上暴饮暴食不光会肥胖，同时会诱发胰腺炎、糖尿病等多种病症。

误区二：晚上七点后进食

晚餐吃太晚，会导致胰岛细胞大量分泌。正常情况下，晚上是身体各器官需要调整休息的时间，如果你在睡前吃了大量食物，虽然你睡了，但是胰岛还要超负荷工作。长此以往，会造成胰岛代谢紊乱，从而诱发糖尿病。同时晚上人的代谢变慢了，吃的食物吸收率很高，不光容易得病也极其容易导致肥胖，所以健康且减肥的晚餐时间为晚上七点前，同理我们也不应该吃夜宵。

误区三：晚上吃零食或者甜品

不少女性喜欢在晚餐后吃点甜品，但是，过于甜腻的东西会给肠胃消化带来负担。除此以外，晚餐后活动很少，导致甜品中的糖分很难分解，从而会转变为脂肪，造成肥胖。久而久之，还有可能引发心血管疾病。

误区四：晚上吃产气食物

红薯、南瓜、豌豆等产气食物在消化过程中会产生较多气体，等到睡觉前，消化未尽的气体会产生腹胀感，妨碍正常睡眠。而且红薯、南瓜有一定的糖分。

餐后来份甜点吧！

所以，这些食物最好早晨中午吃而不是晚上。

误区五：晚上饮酒等各种饮品

很多朋友晚上回家后喜欢和朋友聚餐，尤其喜欢喝酒，殊不知喝酒对减肥是大大不利的。酒精的热量非常高，一小杯酒里含有大量的热量。更糟糕的是，酒这个东西还能刺激你的胃口，让你无形中吃进去更多的食物，大家减肥期间一定不要喝酒。

误区六：晚餐吃肉

很多人晚上吃炸鸡、红烧肉、烧鸭等，这些油腻食物在消化过程中会加重肠、胃、肝、胆和胰的工作负担，刺激神经中枢，让它一直处于工作状态，导致疾病以及肥胖，请牢记，为了健康减肥请不要在晚上吃肉类，如果吃肉类请中午吃，最好选择清蒸水煮的方式且控制量。

误区七：晚餐有汤汤水水

晚饭时，用一锅热气腾腾的鸡汤、排骨汤犒劳自己未必是好事。肉类煲汤较油、热量高，最容易发胖，不适合晚上食用，有些人喜欢用汤泡饭觉得好消化，其实好消化好吸收带来的就是饱腹感下降，身体吸收这些好消化的食物不会调动身体本身的热能，而是越喝越胖。所以减肥的朋友们请牢记，切莫在晚上边吃边喝，麻辣烫、面条、火锅、汤水等不适合减肥期间晚餐食用。

误区八：晚上吃得太辣太咸

晚餐爱吃辣的人越来越多，火锅、麻辣香锅、川菜、湘菜等“重口味”餐

不要
在晚上
吃肉类
如果吃肉
请中午吃

晚餐应避免咸辣、重口味食物

厅一到晚上往往爆满。晚上吃得过咸过辣，如摄入大量辣椒、盐分、大蒜及生洋葱等辛辣的食物，易让肠胃产生灼烧感，导致胃食管反流或便秘、大便干燥、消化不良等问题，从而干扰睡眠。最主要的是吃得太咸太辣容易让你多吃进去很多食物、多喝进去很多水分，容易导致肥胖和水肿。

误区九：经常吃应酬性晚餐

中国人习惯在晚上应酬，如不能推掉，可以在上菜时每样夹一点到自己盘中，吃完后就不再夹菜；或饭局到一半就撂下筷子不吃了，有助于控制食量。从食材上来看，应酬饮食的通病是蛋白质和脂肪过剩，谷类不足，膳食纤维缺乏，能量过高等，容易导致发胖。在国外，越来越多的人开始把应酬、聚餐安排在中午，晚上回家吃饭，这不仅有利于维系家人的感情，更对健康有利，值得提倡。如果可能的话，减少不必要的应酬，如果推脱不了，在吃饭时优先点蒸、煮、炖、凉拌的菜肴，尽量用水替代甜饮料和酒类。少吃油腻食物，多把筷子伸向蔬菜、菌类、豆腐等食品。应酬后尽量饮食清淡，多运动。

误区十：晚餐后马上睡觉

人吃完饭后，一般需要 1~2 个小时食物达到吸收高峰，4~5 个小时才能将食物排空，因此刚吃饱饭是肠胃功能的旺盛时期。但人们在睡觉的时候，身体多数器官处于“休整”状态，睡觉时处于饱腹状态会“迫使”肠胃紧张地工作，导致机体状态不平衡，久而久之，容易引起消化功能的紊乱和营养吸收不良，甚至会造成营养堆积，导致发胖。饭后 1~2 小时做做运动也是很有必要的，可以燃烧吃进去的热量，切不可饭后马上睡觉。

我建议大家晚餐选择四类食物。

第一是粥汤：比如小米粥、豆浆、藕粉、燕麦等，但喝粥汤的同时不要吃菜和饭，如果边吃边喝，就很容易肥胖。

第二是蔬菜，大家记住，当你不知道吃什么，而必须吃或者饿的时候，可以吃蔬菜，水煮的或者凉拌的或者清炒的都可以，切记烹饪方式少煎炸，不要过甜和过咸。

第三是水果，建议大家选择苹果、柚子、猕猴桃、草莓等不是特别甜且升糖指数比较低的水果，但无论吃什么都要定量。

第四是各种天然发面食物，我指的是馒头、包子、发面饼，全麦面包或者一些粗粮比如玉米、红薯等主食，适当吃些主食，只要少用油，不是太甜或者太油腻的是没问题的。

今天给大家讲了晚餐的注意事项以及误区，要想减肥就要控制好晚餐，且规律运动。减肥不怕失败，就怕懒惰。不要再以各种借口来忽视一日三餐的营养质量了。学到、听到不如做到，只有做到并且坚持做下去，才能使既有营养又健康减肥的目标真正得以实现！

晚餐建议选择四类食物

粥汤

蔬菜

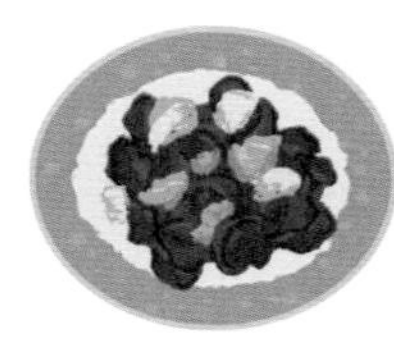
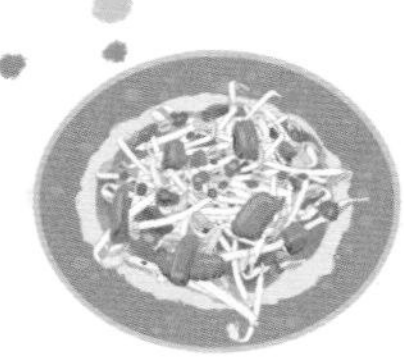
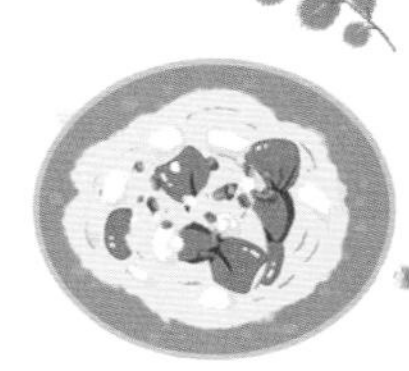

水果

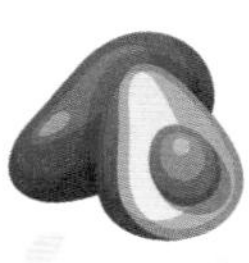

天然发面食物

第29天

三餐记录表，你学会了吗

民以食为天，吃其实是一种生活态度，重视吃的人，身体才会更健康。说起吃，就不得不说说三餐搭配了。今天的内容，我希望从我作为减肥达人的角度给大家深层次剖析什么饮食习惯是错的，这些不良的习惯会怎样影响减肥的效果。

说到这里，我先给大家看几个表格，这是我线上减肥营部分学员反馈的三餐记录表，有些很有代表性，我给大家列举出来分析一下，大家看看就明白为什么很多人难以减肥成功。

接下来是两个学员的三餐记录表，给大家做个示范，一是告诉大家正确详细地记录饮食体重表应该是什么样的模板，大家看完就知道我们每天该记录好哪些才可以对减肥有帮助；二是通过记录，大家要明白什么该吃，什么不该吃。

学员A的三餐记录表，她犯了一个很大的错误就是三餐热量偏高，比如早餐西餐、午餐土豆丝和蛋炒饭相对来说热量都不低，而且配鱼香肉丝更加重口味，

体重74.3kg
体脂肪率38%

运动前体重
75.5kg

运动后体重
74.5kg

大便次数
1次

喝水量
1.5L

心情状态
良好

运动时间
60分钟

起床时间：6：30　　睡眠时间：23：30

三餐记录表

时间	食物记录	点评
8：00 早餐	一个汉堡 一包薯条 一杯可乐	
12：30 午餐	一份蛋炒饭 一份鱼香肉丝 一份土豆丝	
18：30 晚餐	一碗牛肉面 一颗卤蛋	
零食 加餐	一块巧克力 一杯咖啡	

学员A的三餐记录表

晚餐吃牛肉面也一定程度上容易肥胖，她这一天总量不算特别多，但每一餐的热量偏高，所以减肥期间我们的饮食一定要注意食物定量吃的同时还要控制好热量摄入，有些食物看起来不多但热量很高，比如汉堡、薯条等西餐，而且午餐要多吃各种蔬菜，比如绿叶菜、豆制品都应该增加摄入，晚餐最好清淡，以粗粮、水果、蔬菜为主，应避免牛肉面这种有肉有汤而且重口味的主食类摄入。

学员 B 的饮食相对上个学员来说好了很多，她的不足在于睡眠稍晚，建议大家晚上 22 点左右开始准备睡觉，最晚不要超过 11 点，同时如果有时间最好每天运动 60 分钟最理想，注意是专门为了减肥的运动才有效果。饮食方面这个学员最好的一点在于荤素搭配、粗细搭配，三餐定量摄入，而且吃的食物基本上都属于比较健康且适合减肥期间吃的食物，这样对健康对减肥都有好处。最值得学习的是蔬菜摄入有紫色的茄子、有绿色的西蓝花、有白色的山药、有黑色的木耳，多种蔬菜摄入营养均衡，对减肥很有帮助。

通过表格，我们要明白：想成功减肥，就要纠正一些错误，养成科学的三餐饮食习惯。

体重65kg
体脂肪率27%

运动前体重
65.2kg

运动后体重
64.8kg

大便次数
1次

喝水量
1.5L

心情状态
良好

运动时间
30分钟

起床时间：6：30　　睡眠时间：23：30

三餐记录表

时间	食物记录	点评
8：00 早餐	小米粥1碗 玉米一根 鸡蛋一个	
12：30 午餐	山药木耳300g 鸡胸肉5块（小块） 紫薯+西蓝花200g 杂粮饭100g	
18：30 晚餐	一个花卷 一份素茄子（200g)	
零食 加餐	无零食 下午加餐50g坚果	

学员B的三餐记录表

第30天
瓜子、花生等减肥期间可以吃吗

说到瓜子、花生、开心果，我相信大家一定都比较喜欢吃吧，尤其我们很多人在晚餐后看电视的时候，把一些坚果当作零食吃，感觉应该不错。

吃零食一定会长胖吗？答案是不一定。

很多人认为减肥期间不应该吃零食。首先大家一定要弄清楚吃零食的原因，如果你三餐都正常摄入了，那就不要吃任何零食，如果你每天吃得很少，那你可以采用少食多餐的方法减肥，每顿饭控制总摄入量，然后上下午可以吃一些零食来弥补维生素、矿物质等的不足，但有个原则，如果不饿就不要吃任何食物，饿了可以适当补充零食，但零食吃什么是有讲究的。

零食分为两种：垃圾食品和有营养的零食。

首先说说垃圾食品。垃圾食品是指仅仅提供一些热量，无其他营养素的食物。

以下这些零食，不光容易让人发胖还对身体健康不利，它们是油炸类食品、

吃零食
一定会长胖吗？
TV

腌制类食品、加工类肉食品（肉干、肉松、香肠、火腿等）、饼干类食品（包括所有加工饼干）、汽水可乐类饮料、方便类食品（主要指方便面和膨化食品）、罐头类食品（包括鱼肉类和水果类）、话梅蜜饯果脯类食品、冷冻甜品类食品（冰激凌、冰棍、雪糕等）、烧烤类食品。

接下来说说以上这十类食品的危害。

1. 油炸类食品的主要危害：容易导致心血管疾病；含致癌物质；破坏维生素，使蛋白质变性。

2. 腌制类食品的主要危害：导致高血压，肾负担过重；影响黏膜系统（对肠胃有害）；产生溃疡和发炎等症状。

3. 加工类肉食品（肉干、肉松、香肠等）的主要危害：含三大致癌物质之一亚硝酸盐（防腐和显色作用）；含大量防腐剂，加重肝脏负担。

4. 饼干类食品（不含低温烘烤和全麦饼干）的主要危害：食用香精和色素过多对肝脏功能造成负担；严重破坏维生素；热量过多，营养成分低。

5. 汽水、可乐类食品的主要危害：含磷酸、碳酸，会带走体内大量的钙；含糖量过高，喝后有饱胀感，影响正餐。

6. 方便类食品（主要指方便面和膨化食品）的主要危害：盐分过高，含防腐剂、香精，损肝；只有热量，没有营养。

7. 罐头类食品（包括鱼肉类和水果类）的主要危害：破坏维生素，使蛋白质变性；热量过多，营养成分低。

8. 话梅蜜饯果脯类食品的主要危害：含三大致癌物质之一亚硝酸盐；盐分过高；含防腐剂、香精，损肝。

容易发胖且
不健康的零食

9. 冷冻甜品类食品（冰激凌、冰棍和各种雪糕）的主要危害：含奶油，极易引起肥胖；含糖量过高，影响正餐。

10. 烧烤类食品的主要危害：含大量致癌物；导致蛋白质炭化变性，加重肾脏、肝脏负担。

减肥期间以上食品是严禁吃的，而且就算不减肥的朋友我也建议要少吃。

零食的另外一种就是有营养的零食。

首选坚果类。回到本节一开始的问题，瓜子、花生、开心果减肥期间可以吃吗？

答案是可以，但不是肆无忌惮地吃。吃坚果减肥也是有方法、有技巧的，盲目地吃只会收获反效果。大家不要听到坚果含有大量油脂就怕，我先告诉大家坚果的三大好处。

第一，含不饱和脂肪酸。坚果里的脂肪是减肥必须的亚麻酸、亚油酸等人体自身不能合成的不饱和脂肪酸。而不饱和脂肪酸和高蛋白食物的摄入，在一定程度上会提高食物热效应，从而使进食本身引起能量的消耗。

第二，富含膳食纤维。膳食纤维是一种多糖，它不容易被胃肠道吸收，热量低，饱腹感强。同时，膳食纤维能促进胃肠道蠕动，能够有效改善便秘情况的发生。

第三，促进维生素的吸收。减肥时，人体内的脂溶性维生素，比如维生素 E 和维生素 D 都会随着油脂和热量的摄入一起减少。这两种维生素的缺乏会导致皮肤弹性变差，肌肤松弛无光泽。

那么我们减肥期间该怎么吃坚果呢，注意五大原则！

原则一：控制分量

想要减肥，控制摄入量是必须的，尽管坚果很有益，适量吃才能减肥，根据“中国膳食指南”推荐，人体每天食用大豆及坚果 25~35 克是最理想的摄入量。过量摄入就会导致肥胖，记住一个原则，在三餐合理控制的基础上，坚果每天最多摄入一把。但如果三餐都不规律，三餐的热量摄入超标，那么你无论是否摄入坚果都不能达到减肥的效果，而摄入坚果只会让你更胖。

原则二：多种类混合吃

建议不要单一吃某一种坚果，几种坚果混合着来吃，能够全面综合坚果中的营养元素。

原则三：不吃加工类坚果

坚果要选未加工的原味坚果，加工过的坚果味道虽好，但是会增加热量和糖分的摄入，而且还会破坏其中所含的 B 族维生素，高温炒制更会使原本对人体有利的不饱和脂肪酸转变为对人体极其不利的反式脂肪酸。

原则四：不要当零食吃

很多人习惯把坚果当作零食吃，这样是很不利于减肥的，比如很多人习惯三餐之外看电视吃瓜子，这样无形中摄入更多脂肪，建议早餐吃几颗坚果，或者两餐中作为加餐去吃，可以增加饱腹感，有助于下一餐控制量。但加餐的前提是少吃，少吃多餐，如果你三餐吃很多，加餐就失去了意义。其实有些全麦面包里带有少量坚果也是可以当作一顿早餐或者晚餐去吃，饱腹感很强，也可

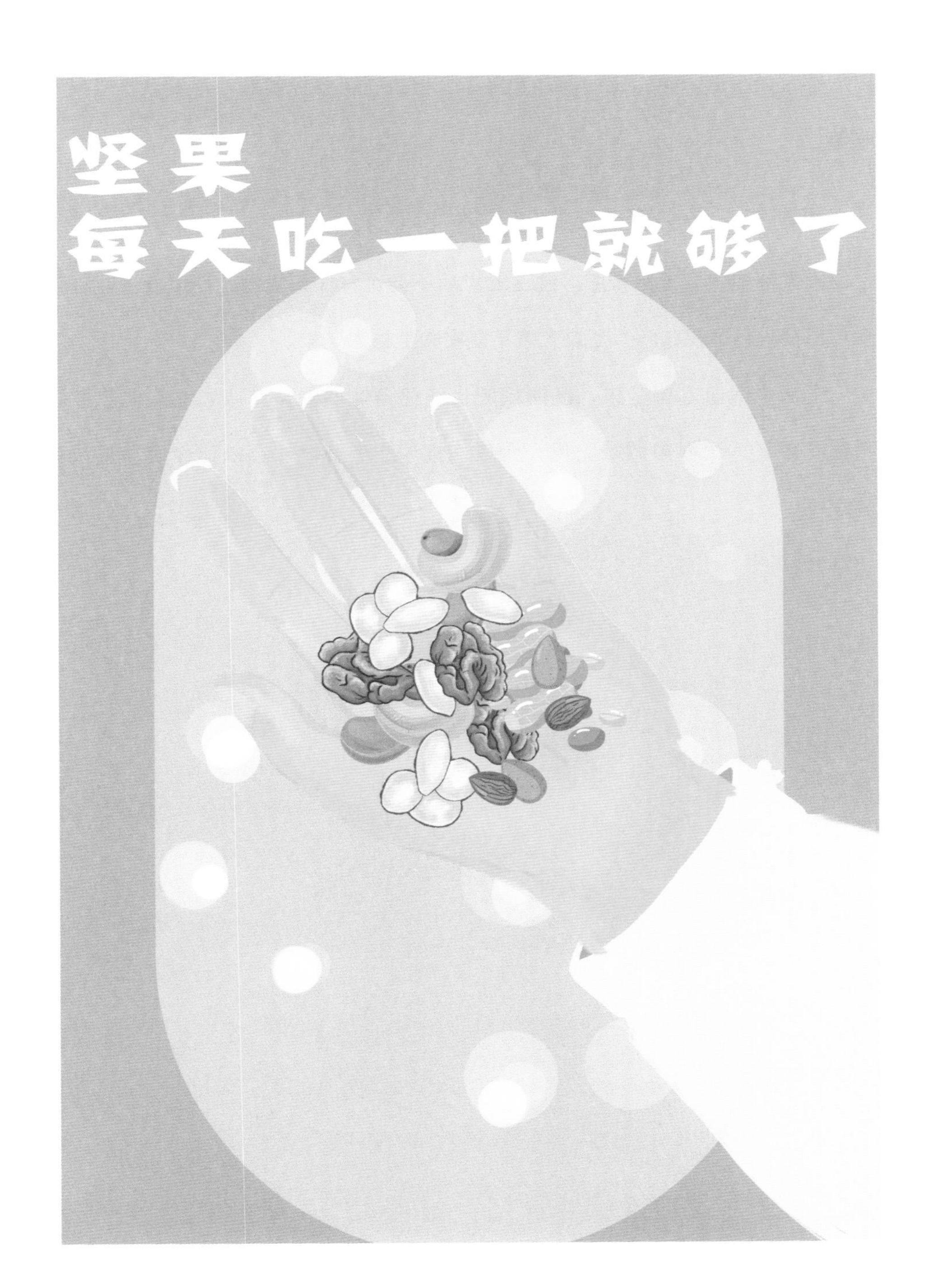
坚果
每天吃一把就够了

以炒菜时放少量坚果，比如西芹腰果等，但也一定要控制量，不要只吃坚果不吃菜。

原则五：务必要晚上七点前吃

大家都知道，要想减肥，晚上七点后不要进食任何食物，所以晚上吃任何食物都很容易堆积脂肪，建议大家不要在晚上摄入坚果。

生活中适量吃些坚果，既能减肥也能让身体变得更健康。如果偶尔控制不住吃多了，记得多做减肥操，合理饮食、适当运动才可以让你瘦得更快更健康！

第31天 减肥药真的可以减肥吗

市面上各种减肥法层出不穷，每一种减肥法都有各种让你眼花缭乱的介绍，而在所有的减肥方法里，我想减肥药大家一定都听说过。在我肥胖的时候，我就经常听人说，肥胖是病，需要吃药调理体质，必须要系统治疗。也听人说，肥胖需要运动需要控制饮食。那时我也不知道哪个是对的，但我当时比较懒惰，不愿意运动，也馋，所以虽然我也看到有报道说减肥药对人有副作用，但碍于自己真的懒惰所以也尝试了。直到我有个邻居喝了某种减肥药后瘦了一些，但稍微一停就便秘，后来大便又硬又黑，去医院检查，医生说让住院检查，怀疑是减肥药导致。自那之后，我再没敢碰减肥药，是药三分毒，说起减肥药，真的是复杂啊！

大家可能在想，怎么复杂了呢？只需要买完吃了就可以啊。这样想真是大错特错了。我换个角度帮大家分析一下，如果你得了感冒，需要吃药，你是不是还要对比一下不同的感冒药之间有什么不同，是不是对症下药，甚至重感冒的话，还要去看医生，在医生专业的指导下进行服药。为什么不能随随便便选一个感冒药吃呢？因为每种感冒药的主要成分不一样，因此它们的功效是有侧重的。同理，减肥药既然被称之为药，那自然也是有不同成分的，不同的成分引起的副作用也不尽相同，这样一看，是不是就能理解我所谓的“复杂”了呢？那么，下面我就主要从减肥药的成分和导致的副作用入手来说一说减肥药的故事。

胃口很差、没有食欲，这是减肥药比较常见的副作用。其减肥原理也很明显，吃得少了，摄入热量少了，消耗量不变，自然体重会有所下降。但导致你食欲不振的原因，并不是你身体的自然反应，而是减肥药中可能含有一种食欲抑制剂“芬芬”。美国食品药物管理局于 1997 年 9 月正式禁止将芬芬用于减肥用途，因为含芬芬的减肥药品面世一年多的时间里，虽然销量居高不下，但同时带来了很高的副作用，长期服用甚至会造成心脏瓣膜损伤及肺脏高血压等病症。

另一种常见的副作用就是腹泻。经常感觉腹痛难忍，像是吃坏了肚子，上吐下泻，虚弱无力，整个人都不好了。这说明，你服用的减肥药中 90% 可能含有番泻叶，此物虽为纯天然草药，但在医学临床上是不属于减肥药物的。番泻叶的减肥原理是可以减少食物停留在肠道、胃里的时间，降低食物被身体吸收的概率，加快食物排出体外的进程，从而达到减肥的目的。但如果番泻叶服用不当，轻者可能引起腹痛、恶心、呕吐，重者甚至会诱发女性月经失调、消化道出血等症状，严重影响身体健康。

我的一个学员小莉，在加入我的减肥营之前也服用过减肥药，她的副作用症状是心慌心悸，经常失眠、眩晕。这样的副作用可能是由麻黄素引起的，麻黄素可以作用于中枢神经，从而加强身体热量的消耗和脂肪的分解。但大家可能不知道，麻黄素是制造“冰毒”的前体，长期食用可引起病态嗜好。1999年，国家药品监督管理局就颁布了《麻黄素管理办法》，对麻黄素的生产、购销以及出口做了严格规定。所以，麻黄素的潜在危险性远高于减重的治疗效果。

利尿剂也是减肥药中经常含有的主要成分，它引起的副作用主要是尿频尿多、低血压、眩晕等症状。因为利尿剂会导致身体中的尿液大量排出，让体重暂时性下降，但其实主要减少的是身体中的水分，并不是脂肪，所以并不是真正意义上的减肥。

我的一个朋友，因为怕国内的减肥药副作用大，特意从国外带减肥药回来，吃了一段时间，体重是有所下降，但是每天都要喝很多的水，而且仍然感觉口干舌燥，后来晚上都睡不着觉，心跳偶尔特别快，最后，在她老公严令禁止下，扔掉了剩下的减肥药，那些症状才慢慢缓解。这种减肥药中很大的可能是含有西布曲明，它可以抑制神经传导物质的再吸收，来达到抑制食欲的效果。含有这个成分的减肥药曾经一度风靡欧美，国内也有一些比较知名的减肥产品中含有此种成分。新西兰重点药物监测部门发现，西布曲明可能使人记忆力受损，而且还会升高血压、增快心率，对冠心病患者构成威胁。

很多人服用减肥药后过度兴奋，甚至会整晚整晚不睡觉，但是第二天仍精神特别亢奋。因为吃得少了，体重下降，所以很多人并没有把这种现象当作一种副作用来看待，以为自己每天的兴奋是因为体重下降带来的快乐，岂知这是一种饮鸩止渴的行为啊！不睡觉却依然特别兴奋，不知疲倦，这是减肥药带来

服用减肥药后
的不良反应
自杀倾向
烦躁不安
易怒
暴饮暴食
虾条

的副作用，这种减肥药中一般都会含有安非他命，它可以引起中枢神经兴奋，虽然能够起到抑制食欲的作用，但长期食用会成瘾，并且一旦上瘾，戒掉的过程非常痛苦，经常伴有易怒、烦躁不安、暴饮暴食等症状，甚至会有自杀的倾向。

2014年8月，中央电视台的《今日说法》曝光了一个27岁的常州准新娘，因希望结婚穿婚纱时瘦一点美一点，买了减肥药来减肥，服用了一段时间后，出现了昏迷等不良反应，送到医院经45分钟的抢救后，最终死亡。尸检结果表明，死因与氟西汀有关，而氟西汀恰恰是她服用的减肥药的成分之一，可以说这种喜剧变悲剧的事正是减肥药导致的。所以，朋友们听我一句劝，减肥真的不要服用减肥药，口服外用的都不可以，珍爱生命，远离减肥药。

第32天
代餐真的可以减肥成功吗

从 2016 年开始，中国的肥胖人口超过美国，中国成为全球胖子最多的国家。之前我看了一个数据，现在中国肥胖人口近一亿，而且数量仍在不断增加。与此同时，人们也不断意识到肥胖给健康带来的影响，对于自己的身体数据也越来越在意，由此掀起了一股又一股减肥瘦身的热潮。巨大的市场需求也催生了许多减肥相关的方法，代餐就是其中之一。

代餐，顾名思义就是取代部分或全部正餐的食物，常见的代餐形式有代餐粉、代餐棒、代餐奶昔以及代餐粥等。由于来源于食物，又具有高纤维、低热量、易饱腹等特点，代餐很快就受到了热捧。

尤其很多都市丽人都想减肥，然而，怕胖又想吃的她们，终究还是管不住自己的嘴。怎么办呢，没关系，精明的商家会竭尽全力“满足”她们。她们想瘦又想喝可乐，于是这个世界便有了无糖可乐；她们娇气地说着“女人是奶茶做的”，并坚信无糖奶茶真的喝不胖；她们崇尚健康，拒绝节食减肥，并热情地向闺蜜介绍：一瓶代餐奶昔真的可以代替一顿饭。她们有没有瘦？不重要，至少她们精神上得到了满足。

有一种代餐是这样宣传的：“1 瓶代餐的营养相当于 1 杯牛奶 +1 块牛扒 +30 颗菠菜 +11 种维生素 +4 种矿物质。”而且是“0 蔗糖，0 热量，低 GI，不会长肉的健康代餐”。

尽管代餐价格不菲，不少人还是愿意选择代餐。你一定在办公室看到过这样的场景，当你手捧油腻的塑料袋啃包子的时候，你的同事在你旁边轻轻撕开一根代餐蛋白棒，优雅地完成她的早餐，往充满设计感的塑料瓶里倒入温水，轻轻摇晃，就是一顿营养又健康的代餐奶昔。代餐提供的场景，带有浓郁的中产精英气息，一如先前流行的牛油果沙拉等。

代餐粉最初目的并不是减肥，而是为了服务一群工作忙碌没时间吃饭的程序员。2013 年，某硅谷码农因为工作太过繁忙，深感吃饭真的太浪费时间了。在他看来，人类只是需要从食物中获取营养来维持生存而已，吃饭这个过程实在是多余。为了解决这个问题，提高吃饭的效率，他认真研究了营养学的知识，找出了人体生存必需的 35 种物质，并买到了它们的粉末或药丸制品。他将这些营养粉末放到了搅拌机中，加水之后便得到了一杯混合营养液。一年后，这壶营养液成为全球知名的某代餐品牌。

为了让“自己”更好吃，代餐也一直在努力“进化”。现在已经有了代餐粉、代餐棒、代餐奶昔、代餐粥等多种形态，还有奶茶、咖啡、抹茶等各种各样的口味任意选择。而且，加入了膳食纤维的代餐粉，除了能促进咀嚼，减少

代餐
食物
代餐粉
代
餐
代餐棒
代餐奶昔
代餐
奶昔
代餐粥

食物摄取率，在进入胃部后还能吸水膨胀，给人饱腹感。

号称营养均衡、低热量、高纤维、易饱腹的代餐，逐渐成为一种广受追捧的“科学”饮食。

然而，代餐真的能减肥吗？

一般来说，一包代餐粉的热量在几十到两千卡左右，而一顿饭的热量在500~1000千卡。如果每天代一餐，就能减少摄入500千卡左右的热量。摄入的热量减少了，当然能减肥。

以某代餐粉举例，虽然是多种食材组合，但每种食材的量比较少，营养依然比较单一，很难满足人类营养需求。同时代餐粉在磨粉、高温烘焙等加工过程中会有大量的营养流失，比如维生素C遇热易分解。还有很多代餐蛋白质比较少，而且其中蛋白质多为植物性蛋白，吸收率比动物蛋白低30%。而蛋白质摄入不足会导致免疫力低下、基础代谢下降、脂肪肝等问题。

很多代餐含的各种微量元素、维生素等不能满足人体需求。举个例子，人体每天需要摄入锌10毫克左右，而很多代餐粉中一包连10微克都不到。而缺锌会导致脱发、痤疮、免疫低下等症状。

其实代餐的减肥原理和节食并无二致。而靠节食或低热量饮食“瘦”下来的人，都逃不过容易反弹的命运。因为摄入的热量降低，身体也会降低自身的基础代谢，减少热量的消耗。而一旦停止节食或开始报复性暴饮暴食，由于摄入量远高于基础代谢，身体会疯狂地将多余的热量转化成脂肪储存起来，体重便报复性反弹了。

所以，想走捷径减肥的人，最后都走了弯路。我之前看过一个报道，买代餐的一般都是学生或者白领女性居多。关键问题是，随着市场火爆，代餐市场也有一些不良商家。他们为了快速实现瘦身效果，违规添加了对人体有害的成分，会对肝脏、肾脏造成重大损伤。据《潇湘晨报》报道，2018 年 6 月，湖南娄底一名女子坚持吃了两个多月的代餐食品，每顿只吃一块代餐饼干，顶多再加些青菜、水果。尽管最终瘦了十几公斤，但她却在某天早晨突然晕倒，心脏骤停。经过 10 多分钟的抢救，她才恢复了心跳，但仍陷入昏迷。经医生诊断，这名女子是因为长期不进食导致严重的低血钾，引起心脏骤停。

所以朋友们，在选购代餐时一定要审核资质，尽量选择正规厂商，避开微商、推销等渠道可能存在的“三无”产品。购买代餐后，也要根据成分表科学制订食用周期，偶尔代替几顿饭可以，但不要一味依赖代餐。代餐可以是主食的补充，可以作为短期替代品，但是不建议长时间持续食用，以防造成营养不均衡。

减肥没有捷径，减肥的真谛，就是管住嘴迈开腿，但管住嘴不是节食，而是科学饮食。

同时记住，如果不能采用科学合理的运动，那体质一定无法提高，就极容易反弹，瘦下来皮肤也容易松弛，气色不好看。所以，要想科学减肥不反弹，一定要科学饮食，适当运动。

第33天 水果是否可以减肥

说起减肥，很多人都说水果是减肥的好帮手，热量低饱腹感又好，比吃主食、肉容易减肥。于是很多女生减肥期间会把水果当饭吃来减肥。那该怎么选择水果呢？是不是越甜的水果含糖量越高，吃多了会长胖，而不甜的水果就可以随便吃呢？

在这里告诉大家，水果热量高不高与甜不甜没有必然联系，因为糖是甜的，所以很多人都会认为“越甜的水果，含糖一定多”。但“不甜的水果，含糖一定少”这句话是错的。我们常见的“糖”主要有四大类：葡萄糖、果糖、蔗糖，还有淀粉。果糖最甜（=1.7 倍蔗糖），其次是蔗糖，然后是葡萄糖（=0.7 倍蔗糖），最后是淀粉（完全没甜味）。所以，如果含有的是葡萄糖和淀粉居多，可能就不是那么甜，但热量不一定低。也有一些水果是酸性的，含糖量高但酸性会掩盖它的甜。

比如水果界有这么几个奇葩。

火龙果，它并不甜，但它的“糖”量不少，约为 11%。

吃水果可以减肥吗？

人参果，没什么味道，但含“糖”量其实高达 18%。

牛油果，不甜，但一个标准大小（200 克）的热量有 340 大卡，相当于 4 个苹果那么多。而且牛油果的脂肪含量特别高，所以把牛油果当成坚果来吃会更合适。

百香果和山楂，含糖量也高，但好在山楂和百香果因为太酸，所以一般人每次摄入的量比较少，所以并不会导致肥胖。

鲜枣、香蕉、榴梿、菠萝蜜等水果，“糖”真的比较多，一般都能达到15%~20% 以上。特别是鲜枣，堪称水果界的含“糖”之王，最高能达到近30%。无论是鲜红枣、青枣还是冬枣，都是高糖水果，容易使人发胖。

有五个错误的吃水果习惯，大家一定要注意改掉。

1. 很多人不吃饭只吃水果。一饿就吃水果，这是不对的。如“香蕉减肥法”“苹果减肥法”等用水果代替正餐的减肥方法，很难给足身体所需的营养元素，长期食用，容易造成营养不良。由于水果缺少帮助维持肌肉量的蛋白质，所以长时间蛋白质摄入不足容易造成基础代谢率的下降。

2. 正餐结束再来个水果。这样也是错误的。因为饭后吃水果，血糖升得快，还容易肥胖。

3. 过量摄入。不管选什么水果，最关键的都是控制总量，平均一天最好别超过 350 克。

4. 将水果榨汁喝。水果在榨汁的过程中会流失大量的膳食纤维和维生素，而糖分却被完整地保留了下来。而且，像榨一杯橙汁通常都需要 2~3 个橙子，也就是说你喝一杯橙汁相当于摄入了几个橙子的糖分还不饱腹，这很容易让你发胖！

5. 吃水果干。现在市面上有各种各样的水果干，如果脯、蜜饯、果蔬脆片等，但它们都不能替代真正的水果，有些添加了淀粉，有些添加了加工型糖分，热量都不低，要慎重摄入。

还是那句话，水果虽好，但要会吃！

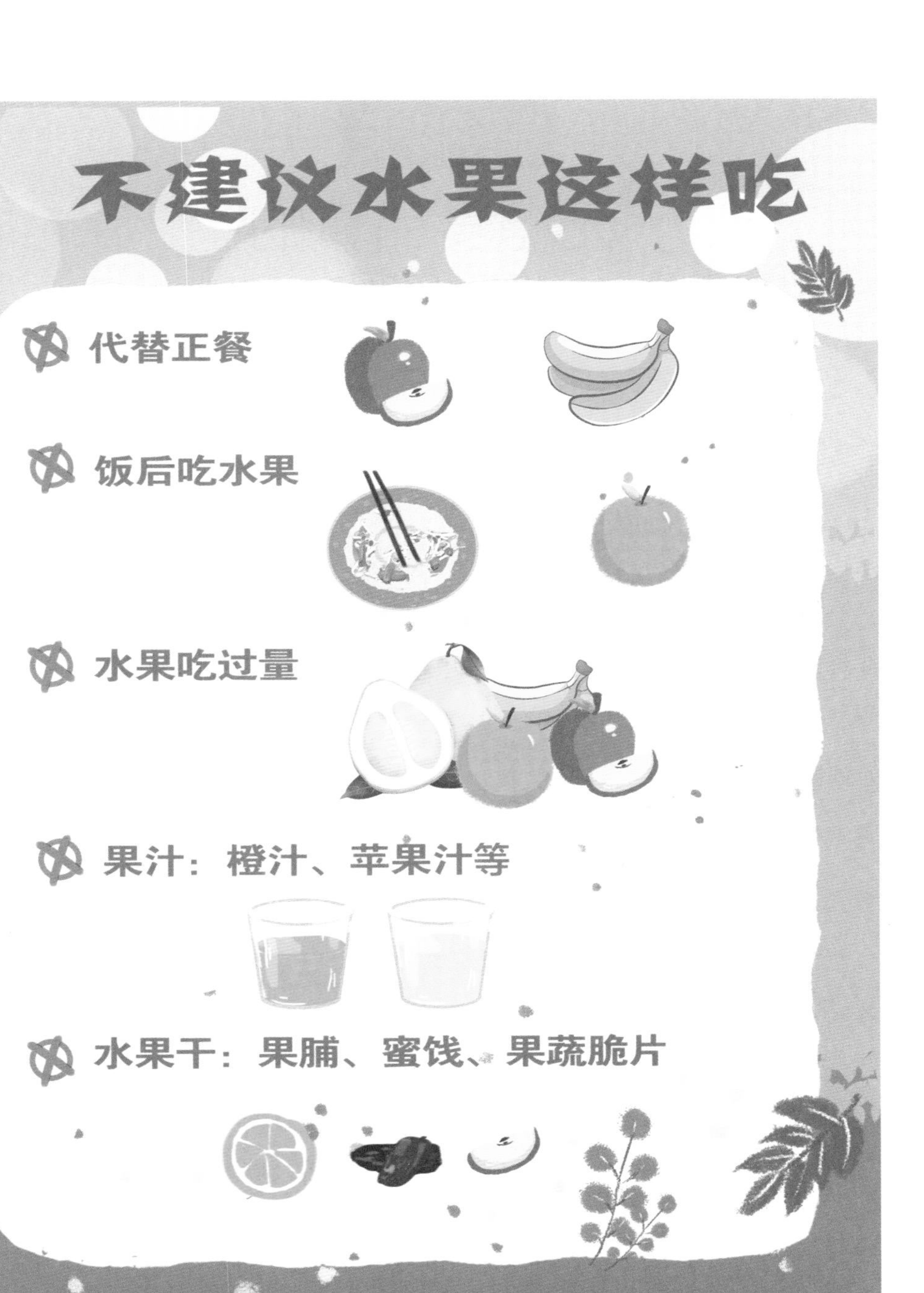
不建议水果这样吃
代替正餐
饭后吃水果
水果吃过量
果汁：橙汁、苹果汁等
水果干：果脯、蜜饯、果蔬脆片

第34天

无糖食品真的无糖吗

对于爱美的朋友而言，减肥瘦身是永远不变的话题，可是，美食一吃起来体重就“刹不住车”，不吃又觉得对自己太残忍。而近年来，市场上出现了一系列的“无糖食品”，如无糖饼干、无糖糕点、无糖乳制品、无糖麦片，甚至无糖糖果等，许多人认为吃甜食容易胖，认为甜食是减肥最大的敌人，而无糖食品总算可以尽享口福而不用担心长胖了，有人甚至把这些食品当成了“减肥餐”。“无糖食品”真是低热量吗？无糖食品真能减肥吗？

在这里我告诉大家，无糖食品并不是不含糖，而是指不含升血糖指数较高的蔗糖等，但往往以甜味剂来代替，虽说弥补了口感，但营养价值却大打折扣。

国家对于添加在食品中的甜味剂有严格的把控。合格的食品添加剂对人体没有坏处，但是长期过量摄入也会对人的身体健康造成一定损害。

市面上不少无糖饼干或糕点，多数是以面粉、谷物杂粮为原料，自身其实都富含碳水化合物。食用后会分解成葡萄糖被吸收，血糖自然也会升高。而葡萄糖所含的能量与蔗糖相当，摄入过多也会导致肥胖。另外，为了改善口感，有些“无糖食品”可能还添加了大量的油脂，同样会造成热量超标。如很多无糖酥性饼干，是不甜，但其油脂含量和谷物含量比较高，摄入多一样会肥胖！所以选择无糖食品时一定得看清配料表。

首先，看成分表。购买时应该参考成分表、热量表。有些“无糖食品”虽然无蔗糖，但可能含有葡萄糖或者其他一些糖类。所以选购的时候不仅要看其是否标注“无糖食品”字样，还要看配料表，看该产品是用何种甜味剂代替了有关糖类，注意不要多吃。

其次，看每日所需总热量。如果希望减肥就要控制好每日摄入的总热量，可根据以下公式求得。

男：[66+1.38×体重（公斤）+5×高度（厘米）–6.8×年龄]×活动量

女：[65.5+9.6×体重（公斤）+1.9×高度（厘米）–4.7×年龄]×活动量

（一般人的活动量为1.1~1.3不等，活动量大，数值便越高。若平日只坐在办公室工作的女性，活动量约1.1，运动量大的人约为1.3）

需要减肥的人尤其要注意自己平时摄入的能量，每摄入一种食物，就减去相应的食物热量，包括甜味剂的热量，从而更好地控制每天的饮食。

最后，要适量摄入。无论吃进哪种糖，都是在肠道中被分解、转化为单糖后被人体吸收、利用。在各类糖中，人体对单糖的吸收速度最快，蔗糖次之，而淀粉则需要逐级分解后才能被人体吸收，因而吸收速度较慢。因此，糖尿病患者应尽量避免食用单糖、双糖，以防止进餐后血糖飙升。

号称“无糖食品”的产品里面，很可能含有淀粉水解物类作为甜味来源，也就是淀粉糖浆、果葡糖浆、麦芽糖之类。这些糖浆升高血糖、变成能量的效

无糖食品中的甜味剂
糖醇类甜味剂：
木糖醇
山梨醇
麦芽糖醇
非醇类化学合成的
甜味剂：
甜蜜
糖精
阿巴
斯糖
天然甜味剂：
甜叶菊
甘草

率未必会比蔗糖慢多少。蔗糖还要到小肠中才能变成葡萄糖，而添加葡萄糖的“无蔗糖食品”会让血糖上升的速度更快。

所以，要想科学减肥，就要合理饮食，适当运动，如不运动，则体质无法提升，随着年龄增长代谢就会变慢，代谢慢了，减肥就会很难。至于糖和油，的确需要控制，但也要注意识别，科学摄入。

第35天
减肥，你会睡吗

之前我讲了会影响代谢导致肥胖的习惯里就有睡眠不足，而且睡眠与健康也息息相关，可以说睡眠好则减肥效果好，睡眠差则减肥效果差，所以今天我单独说说减肥期间该怎么睡眠。

战国时名医文挚对齐威王说："我的养生之道把睡眠放在头等位置，人和动物只有睡眠才生长，睡眠帮助脾胃消化食物，所以睡眠是养生的第一大补，人一个晚上不睡觉，其损失一百天也难以恢复。"说明从古代开始养生者就注重睡眠，阴主静，晚上是人睡眠的良辰，此时休息，才会有良好的身体和精神状态。这和睡觉多的婴儿长得胖、长得快是一样的道理。

我之前减肥屡次失败，其实主要的原因就是熬夜。我发现很多大学生或者很多上班族晚上回家后的时间很自由，不知从什么时候开始，晚睡变成了现代人的一种生活常态。

熬夜的人晚上都在干什么？我后来问了10个我线上减肥营喜欢熬夜

的学员，有一个是因为最近一段时间考研究生而经常学习熬夜；有一个人因为工作很忙，半夜都在修改方案；有4个是抱着手机刷朋友圈；还有4个是医务工作者或者其他需要上夜班的上班族……熬夜的人群分为三类：上夜班的、工作学习压力大的，习惯晚睡的，而这三类人群也是容易肥胖的人群！

睡觉的一大功能是养生，养就是用大量的健康细胞去取代腐败的细胞，如一夜睡不着就换不了新细胞。如果说白天消亡一百万个细胞，一晚上只补回来五十万个细胞，这时你的身体就会出现亏空，时间长了，人就会垮。

植物白天吸收阳光的能量，夜里生长，所以夜晚在农村的庄稼地里可听到拔节的声音。人类和植物同属于生物，细胞分裂的时间段大致相同，错过夜里睡觉的良辰，细胞的新生远赶不上消亡，人就会过早地衰老或患病。人要顺其自然，就应跟着太阳走，即天醒我醒，天睡我睡。人在太阳面前小如微尘，“与太阳对着干”是愚蠢的选择，迟早会被太阳巨大的引力催垮。这是客观真理。

现实生活中，不少人有入睡难、睡眠质量不高的毛病。睡眠不好是一个综合性的问题，如肝火过盛，睡觉警觉；胃火过盛，睡觉不安；肝阴不足，睡觉劳累。

晚11点后人必须睡觉，11点到凌晨5点为有效睡眠时间。人是动物，和植物同属于生物，白天活动产生能量，晚上开始进行细胞分裂，把能量转化为新生的细胞，睡觉是人体细胞休养生息、推陈出新的过程。我们都知道减肥在于运动和饮食，而很少有人想到过睡觉也能减肥。其实睡觉是能够减肥的，睡眠的时候身体需要新陈代谢，所以会消耗身体脂肪来维持。所以，如果希望减

你正在熬夜吗？
熬夜加班
Photoshop 文件 编辑
工作学习压力大

肥快，必须按时休息，睡眠不足对减肥也有很重要的影响。

睡眠对于体重的保持和控制起着至关重要的作用，它远不只是身体机能缓慢运行的一段时间而已。人在睡眠中分泌出的生长激素会帮助我们修复身体，但是如果睡眠质量不好的话，生长激素的分泌就会减少。

睡眠不足的三大危害：

一是影响瘦素分泌。睡眠过程中，我们的身体积极发挥着新陈代谢的各项功能，大脑会产生一种激素——瘦素，它是脂肪组织分泌的激素。当机体的能量储存足够时，瘦素就会作用于下丘脑上的神经细胞上，对机体的饮食行为进行控制，同时也在脂肪合成、脂肪转化过程中起到关键作用，它被医学界称为“人体胖瘦的开关”。正是这个瘦素的分泌影响着我们的体重。

二是导致食欲旺盛。如果没有充足的睡眠，会导致身体内部的某种激素含量迅速增加，而最主要的特征就是刺激人的食欲。所以不管什么时候、有没有消耗能量，都会引起我们对食物的渴求。

三是易造成水肿体质。熬夜的人早上起来常常会出现眼肿、变包子脸等现象，原因是熬夜睡眠不足，导致身体新陈代谢减慢，体内废物和水分积聚。如果睡前吃的东西盐分多或喝水太多，水肿更是难以逃脱的“噩梦”。

如果你每天的睡眠时间不足 7 个小时，那减肥效果一定很差。俗话说你那喝白开水也会变胖的体质，很大程度上缘于你短促的睡眠时间。

“在深度睡眠中，大脑会悄悄分泌大量生长激素，它会指导身体把脂肪转化为能量。如果减少深度睡眠时间，同时又囤积了大量能够转化为脂肪的热量，激素的分泌跟不上热量的囤积，你的身体就会自动把这些脂肪转化到臀部、大腿和肚子上，肥胖就是这么来的。”而且睡眠不足就会影响基础代谢，基础代谢变慢，会让人越来越肥胖。

要想有良好的睡眠，达到减肥功效，以下六点一定要注意。

要点1：有规律的睡眠时间

将起床时间向前推 7~8 个小时，就是你每天应该上床的时间了。现在的很多年轻人作息时间都十分不规律，尤其是到了周末或假期，总喜欢熬夜晚睡。这是一种很不健康的生活习惯，会妨碍睡觉减肥的效果。要想拥有好的睡眠，作息时间一定要调整好，而且一定要规律。不管是上班还是休息，一定要养成按时作息的好习惯。

要点2：良好的睡前习惯

睡前 30 分钟开始，可以做一些有利于睡眠的活动，比如：阅读、沐浴、听舒缓的音乐，让身体处于一种准备睡眠的放松状态。睡觉时记得关掉电视、电脑，把手机调到静音。以免眼睛感受到光线，影响你睡觉的质量。

要点3：戒掉咖啡因及酒精饮料

下午 2：30 之后，就不能再碰那些含咖啡因的饮料了，茶及苏打水也在禁品之列。睡前 4 小时，不可再吃任何的东西，更不能喝酒和咖啡等，因为醉酒会令人昏睡，但是得不到深度睡眠，酒醒之后你还会彻夜难眠。晚餐最好是睡前 4 个小时吃。除了晚餐，最好不要吃夜宵。睡前大吃大喝向来是减肥的大忌，水也要少喝。除此之外，一些坏习惯也要改改，比如上网、看电视时喜欢吃东西，这是很容易堆积脂肪的，而且入睡前吃太多东西，很容易让人兴奋，更加不容易入睡，这会直接影响到睡眠减肥的效果。

要点4：寻找适合你的最佳睡眠时间

不是每个人都刚刚好需要 8 个小时的健康睡眠时间，有些人可能需要 9 个小时或 7 个小时。如果早上的闹钟很难把你叫醒，那么说明你需要更多睡眠时间。试着逐步提早 15 分钟上床，直至找到最理想的睡眠时间，这个过程大约需要 1 周时间。

要点5：应有个短时间的午睡

午睡的时间要不超过 30 分钟，因为过长时间的睡眠可能会让你感到轻微的头疼，并且全身乏力，造成过犹不及的结果。

要点6：不要在床上看书或者看电视

这样的行为习惯易使人精神紊乱，对于睡眠是十分不利的，久而久之，会造成失眠，进而引起神经衰弱。

第36天
减肥15禁

减肥其实是一种习惯的改变，有些人吃得不多，但却依然肥胖，有些人合理饮食、运动，减肥效果却事半功倍！接下来我给大家讲讲减肥期间有哪十五个习惯应该禁止。

1. 禁不吃早餐。

早餐是一天营养的主要来源，是一天中最不容易转变成脂肪的一餐。其中，早餐、午餐和晚餐的比例最好是5∶4∶1。早晨不吃饭，中午必定吃得多，而且吃的都会被吸收掉，越靠近晚上吃饭越容易发胖。

2. 禁不吃水果。

中国居民膳食指南规定，每天要吃200~400克的水果才能达到个人每天对营养素的需求。水果含有微量元素和很多维生素、矿物质，比如果胶、某些膳食纤维和生物活性物质。长期不吃水果，身体不但会出现亚健康状态，还会因营养素缺乏而生病。尤其是苹果、柚子等减肥水果应该吃，但香蕉、西瓜等易胖水果要慎重摄入。水果最好是上下午吃或者是接近午餐或晚餐时分吃，以代替部分正餐，切记不可饭后吃水果，否则容易肥胖且升高血糖，对健康不利。

3. 禁不吃蔬菜。

蔬菜富含矿物质、维生素、植物性纤维。不吃蔬菜，纤维素摄取不足，对肠壁的刺激性小，致使肠肌蠕动减弱，粪便在肠道停留的时间过长，易发生便秘。而且进餐时不吃蔬菜，不容易产生饱腹感，常常会不知不觉地能量摄入过多，引发身体肥胖，影响健康。减肥期间每天应该最少吃 500 克蔬菜，不吃蔬菜想减肥基本上是不可能的。

4. 禁吃夜宵。

晚上吃夜宵，会增加我们的肠胃负担，肠胃不能够得到休息，会引发胃病；晚上新陈代谢会下降，消耗的热量也会相应地减少，多余的热量就会变成脂肪，导致肥胖；而且营养也不能得到充分的吸收，容易影响体内五脏六腑的运行，诱发失眠。所以减肥严禁晚上七点后吃任何东西。

5. 禁吃东西太快。

食物消化有个完整的链条，首先要经过口腔牙齿咀嚼，将食物切碎，通过唾液搅拌后再到胃里面，胃里的酶、酸等物质再把食物打散，这样才利于吸收。如果进食过快没有充分咀嚼，直接进到胃里将会增加胃的负担。

6. 禁油炸食物。

油炸的食物，脂肪含量高，容易导致血脂偏高，引起肥胖。

7. 禁喝酒。

尤其是啤酒，它是一种很好的“开胃酒”，人体脑神经在啤酒酒精的刺激

减肥15禁

No.1
禁不吃早餐

No.2
禁不吃水果

No.3
禁不吃蔬菜

No.4
禁夜宵

No.5
禁吃东西太快

No.6
禁油炸食物

No.7
禁喝酒

No.8
禁过多零食

No.9
禁含糖饮料

No.10
禁饮水不足

No.11
禁偏食

No.12
禁节食

No.13
禁不定量吃饭

No.14
禁不按时吃饭

No.15
禁边吃边喝

下，会不断发出“进食”指令。因此，经常饮用啤酒能够刺激食欲，从而引发肥胖。所以提醒各位减肥者，减肥期间请严格忌酒！

8. 禁零食。

零食由于含有的油脂量通常都是比较多的，因此常吃零食会有发胖的可能。即使是非油炸食品也容易导致发胖。而且经常把零食当作饭来吃，由于零食里面没有多少营养物质，容易导致营养不良等情况，对身体也是有害的。建议减肥的朋友们家里不要准备零食，只可以有水果、蔬菜，喝的只可以是茶和水！

9. 禁含糖饮料。

饮料中过多的糖分被人体吸收，就会产生大量热量，长期饮用非常容易引起肥胖。

10. 禁饮水不足。

办公室一族在工作中，由于工作时精神高度集中，很容易忘记喝水，造成体内水分补给不足。体内水分减少，血液浓缩及黏稠度增大，容易导致血栓形成，诱发脑血管及心血管疾病，还会影响肾脏代谢的功能，引发肝癌、前列腺癌。最关键的是少喝水就容易饿，饿了就容易多吃，所以饭前喝水可以缓解饥饿感，降低暴饮暴食的概率。

11. 禁偏食。

很多人饮食总是偏食，这样也会导致肥胖，胖人偏食是属于习惯性的，因为很多胖人特别偏爱甜食和那些吃起来很香的高脂肪食物。偏食的结果往往会让你少摄入很多有益的食物成分，会带来健康问题，也会使人肥胖。所以最好均衡饮食，不要偏食。

12. 禁节食。

吃代餐以及节食，都容易反弹。请大家牢记，无论什么年龄什么体重，但凡希望健康长寿，别懒惰，别拖延，从今天开始，迈开腿、管住嘴，否则，尝试不健康方法，要么失败要么反弹。如果我们总是节食，那么短期瘦了日后也会反弹，结果就是干脆饿得肠胃出现问题，或者出现掉发、生理期紊乱等健康问题。

13. 禁不定量吃饭。

很多胖人都是好吃的东西狂吃，没有节制，由此可见胖人的自控力之差。为了健康，请定量吃饭。

14. 禁不定时吃饭。

很多胖人都有一种现象，就是忙，比如上夜班的人、经常加班出差的人往往易胖，这些人因为忙而错过了吃饭的时间，那么就会导致下一餐多吃而摄入更多的热量，而人每天晚上的代谢比较慢，所以晚上吃饭也容易肥胖。因此，无论多忙请按时吃饭，这对身体健康也很重要。

15. 禁边吃边喝。

很多肥胖者习惯边吃边喝，其实这是错误的饮食习惯，午餐和晚餐如果总边吃边喝，或者饭后喝水，就会导致肥胖，所以想减肥就别吃得汤汤水水！

第37天

简单的吃饭顺序，蕴藏着减肥的秘密

减肥期间大家都知道要管住嘴。但是为什么有些人明明热量控制得不错，也没有吃零食，吃的还是健康食物，还是不瘦?

很有可能是吃饭顺序没搞对！是的，不仅要控制热量、吃健康食物，吃饭的时候，先吃什么后吃什么，这个顺序可能会影响你的减肥速度。按顺序吃饭，你会比别人瘦得快!

如果有喝汤习惯的人，必须饭前喝汤，如果饭中或者饭后喝就容易肥胖，大家想减肥，一定要牢记一个原则，不要午餐晚餐边吃边喝!

然后吃蔬菜，减肥期间的人先吃低热量的食物，就拿蔬菜来说，属于低热量、低密度和体积大的食物，而且含有丰富的膳食纤维。特别是不同颜色的蔬菜和水果中，含有矿物质和维生素，能提高抵抗力和免疫力，预防便秘和多种疾病。尽量通过蒸炖或水煮的方式来烹调蔬菜，不要放太多的油和盐。各种蔬菜都可以吃，如笋类、菌类、卷心菜、胡萝卜、青菜、菠菜、西蓝花、冬瓜、藕等。

再吃一些富含蛋白质的食物。如鸡胸肉、瘦牛肉、鸡蛋、豆类等。因为我们已经喝了汤吃了蔬菜，再吃一些蛋白质这样属于大分子的食物，对身体提高饱腹感起到决定性作用。另外，蛋白质最主要的功能是它有利于肌肉的合成，身体肌肉含量和基础代谢息息相关，一般来说，肌肉含量高的人，往往基础代谢也较高，对减肥非常有帮助。当然，还要注意烹饪方式，尽量不要用油炸、腌制、干煸等方式制作，蒸煮炖是较好的。

最后再吃主食。吃到最后一步才是主食。多吃粗纤维丰富、饱腹感强的食物，多吃蔬菜，主食粗细搭配，这是基本原则。主食放在最后吃，对减肥有很好的作用。主食尽量少吃那些油炸的食物，比如油条或者西式汉堡等易胖的食物，可以粗细搭配，如燕麦、紫薯、玉米、糙米等。这些食物中，富含膳食纤维，能够起到促进肠胃排毒的作用。

总结下来顺序是这样的：汤—菜—肉蛋豆—饭。

还有研究发现，把豆制品、肉类等富含蛋白质的食物和主食完全混合在一起食用，餐后血糖反应也会下降。所以，主食配合富含蛋白质的食物一起吃，也是稳定血糖的好方法。

按顺序吃饭，
你会比别人瘦得快！
1
汤
汤
2
蔬菜
3
含蛋白质类的食物
4
主食

第38天 减肥期间该怎么喝水

生病感冒了，要多喝水……来例假了，要多喝水……今天我告诉大家，减肥也要多喝水！

大家要明白，喝水好处多多！

第一，维持代谢水平。水之所以有助于减肥，是因为在身体代谢过程中，水是不可或缺的物质，很多人体所需的营养物质都需要溶于水才能被血液输送、被组织吸收。每天为身体补充充足的水分才能有效促进身体代谢。

第二，增加饱腹感。因为水能够带来一定的饱腹感，可以帮助我们抑制食欲。如果饭前喝一杯水，还能让消化系统提前活跃起来，促进消化腺分泌足够的消化液，让食物消化得更充分。

第三，滋润肌肤。如果体内水分不足的话，皮肤的含水量也会有所下降，一旦低于10%，皮肤就会变得干燥、粗糙、松弛，容易产生皱纹。人体皮肤的含水量维持在10%~20%最为合适，尤其减肥的大多是女性，如果希望减肥成

生病感冒了，多喝水！
姨妈期，多喝水！
减肥也要多喝水！

功还皮肤紧致且保持水嫩，每天一定要让自己喝足水。

第四，帮助消化。两餐中，也就是上下午喝杯水同样有利于减肥，因为它能促进胃液分泌，加速肠道蠕动，促进消化和吸收。只不过如果饭后立即喝水或吃饭时喝水，会冲淡胃液和消化酶，不利于食物的吸收。所以，最好在饭后30分钟再喝水。千万不要饭后立刻喝水！

第五，促进排毒。水同时还是排毒小能手，因为身体中的毒素一般会首先储存在肠道中，而水进入消化系统后，能够促进代谢、帮助肠道蠕动，有助于将毒素排出。如果毒素进入血液循环中，水还可以帮助稀释血液，让身体更好地排出毒素。而且水分补足也可以促进肠胃蠕动，缓解便秘。

说了这么多喝水的好处，究竟每天喝多少水才算好？什么时候喝水才合适？我接下来告诉大家。

别等口渴再喝水。很多人都没有养成每天多喝水的习惯，一般都是等到口渴了才想起来喝点儿水。但其实口渴时，身体已经处于缺水的状态了，体内的细胞、组织和器官所受到的不良影响也已经产生。所以，手边最好常备一杯水，没事儿就喝两口，可别等渴了才想起来要喝。

至于喝水的量，每个人情况不同，正常来说成年人每天的饮水量至少要保证1500~1700毫升（约7~8杯）。如果你经常从事室外活动或者体力劳动，可以多喝，如果是室内吹空调的上班族，那正常喝能保证身体所需即可，也没有必要为了必须满足每日8杯水而喝到不舒服。除了多喝水，也可以选择一些如黄瓜、生菜等含水量比较高的新鲜蔬果帮你补充水分。

对于需要减肥的人来说，很多人通过喝水可以缓解便秘，提高饱腹感，最主要的是很多胖人总是喜欢吃些咸口的食物。但享受美味的同时，也可能会让你摄入过多的钠元素，它会阻碍身体中的水分正常排出，造成水肿、皮肤暗淡等情况。所以，饮食重口味的人更应该多喝水，因为水能促进身体代谢，让体内多余的钠元素更容易随着代谢排出体外。

减肥离不开运动，每次运动时，都会造成体内水分一定程度的流失。如果此时没有及时补充水分，可能影响运动效果，甚至造成脱水，严重的还可能出现晕厥。所以运动后最好多次少量地喝水。

总结一下，水是必须充足摄入的，有三个可以多喝水的时间段。

1. 早晨起床后。可补充一晚上缺失的水分，促进血液循环。

2. 上午、下午，也就是两餐间。可提高饱腹感，提高代谢。

3. 运动后。运动后补充水分可以缓解疲劳，增强身体体质。

有三个不能多喝水的时间段。

1. 午餐和晚餐中。边吃边喝很容易加速消化吸收而导致肥胖，牢记减肥期间不要边吃边喝。

2. 午餐和晚餐后。记住，饭后喝水对减肥不利。

3. 睡觉前。睡觉前喝太多水容易浮肿，所以临睡前不要喝太多水。

第39天
什么样的运动减肥效果最好

之前给大家讲了很多饮食方面的内容，的确，减肥七分看饮食，如果不会吃，那一定不会健康。除了饮食之外，我们也要靠运动来提高代谢和体质，毕竟如果不运动，只靠饮食控制，那么体质不会从根本上得到提高，一个人无论什么年龄，什么体质，要想健康长寿，无论是否减肥都必须运动。但运动有些时候我们觉得累，或者觉得效果差，那是你没有找到运动的最佳方式，从今天开始我将分几天给大家讲讲我总结的运动知识，让你运动轻松且快乐，让你明白其实只要方法得当，运动没有你想的那么困难!

说起运动，我不建议你每天去跑十公里，也不建议你每天去健身房锻炼，因为减肥的朋友需要每天进行1小时左右中等强度的有氧运动为主的全身性运动瘦身效果最好。大家注意四个关键点：持续1小时、中等强度、有氧运动为主、全身性运动。

先说说为什么运动要持续1小时。

我们运动 30 分钟以上身体才会燃烧脂肪，如我们锻炼时间太短无论强度高低都没办法燃烧脂肪，所以有减肥效果的运动应该持续 40 分钟以上到 1 小时最佳，而且如果希望减肥效果最佳，最好选择全身运动，骑动感单车那种半身运动只能锻炼大腿以及臀部肌肉，不属于全身减肥运动。

再说说为什么要选择中等强度的有氧运动。

如果运动强度太低，比如跳广场舞、打太极是不会起到减肥效果的，比如跳绳，跳 100 下休息 10 分钟的运动也很难有很好的效果。如果强度太高，比如健身房的一些高强度耐力训练，一般人很难坚持，而且健身房的运动十有八九是无氧运动为主的增肌运动，如果只去几次不能坚持下来，也是不能达到减肥目的的。所以由我自己的实践经验发现，真正要瘦得快，最好在合理饮食的前提下，天天坚持 1 小时有氧运动为主的运动，这样减肥轻松且效果好。

运动有很多种，很多人说运动后效果一般，到底是为什么？接下来列举一些人们常用的全身性运动方法来给大家分析一下原因。

其一，爬楼梯能减肥吗？

我曾经有一位邻居，每天回家都不愿意乘电梯，而是选择爬楼梯，有一次我开玩笑地问她，是不是怕电梯突然没电卡在那里或者掉下去，她不好意思地回答说其实她只是在减肥而已。我心中暗暗叹服，人人都说爬楼梯能减肥，可坚持下去的人基本没有，不过话说回来，爬楼梯真的能减肥吗？从减轻体重的情况看，这种爬楼梯减肥法效果不大，因为她家住 12 层，从 1 层爬上去，也就几分钟的时间，任何运动不能达到 40 分钟都没有办法燃烧脂肪，只能说是对塑造腿部线条有一些作用。而且爬楼梯容易伤膝盖，因为同样一分钟它比快走慢跑强度要大，时间长了容易关节疼。

其二，跑步能减肥吗?

单纯说跑步是不能判断运动的强度的，因为跑步的速度每个人都不一样。但是通过运动时的心率就可以算出运动强度。运动心率等于运动时每分钟的脉搏数。

我们知道，当一个人进入运动状态时，身体各部分的耗氧量会激增，而身体的氧气主要由血液输送，心脏每跳动一次，就相当于为身体输了一次氧，因此运动时的心跳频率，才是一个人运动强度的最直观反映。

每个人都有不同的运动适宜心率，要想知道你的运动适宜心率是多少，还要了解一个概念叫最高心率，最高心率就是一个人最高能承受的心率水平，超过最高心率，人就很危险。

运动心率测算公式如下：

最高心率 =220−年龄

大强度运动：最高心率的 80% 以上

中等强度运动：最高心率的 60%~80%

低强度运动：最高心率的 60% 以下

例如，一个 30 岁的正常人进行运动时三种强度的心率分别为：

（220−30）×80%=152 次 / 分钟

（220−30）×（60%~80%）=114~152 次 / 分钟

（220−30）×60% 以下 =114 次 / 分钟以下

减肥应该采用中等强度运动，通过心率测算可以明显看出来运动强度，比如上面 30 岁的正常人运动 1 小时后如果心率低于 114 次 / 分钟则说明强度不高，需要提高强度。

我认识一位女性，生完孩子身材发福，于是买了一台跑步机，每天坚持跑半小时，可好几个月下来，体重没有明显减轻，于是去健身中心测体脂率，也发现和跑步前没什么变化。她报名我的减肥营后一个月瘦了 5 公斤。于是就向我请教，我告诉她，是因为她的运动心率没有达标。我让她测了一次心率，果然她跑半小时后心率只有 95 次 / 分钟，这种心率水平就算天天坚持跑步也不会瘦太快，也说明她锻炼的时间和强度是不够的。而且像跑步、游泳这些运动，当你从没运动过，突然运动一段时间，可能会瘦，但几个月后身体适应了，就会遇到瓶颈期，这就需要变换一种运动的方式，才能突破平台期。

说到这里大家明白了吧，要想有效果，运动方式选择很重要。除此之外，还要有一个正能量的环境，最好选择一群人。我一直认为，运动不是一个人的孤单，而是一群人的狂欢。比如在我的线上减肥营里，大家互相监督、鼓励，成功率极高。很多人加入之前也是犹豫拖延有惰性，但入群后通过做减肥操有了一定效果，于是自信心大增。同时大家在减肥营里互相交流减肥心得，互相沟通减肥需要注意的事项，减肥成功的学员和我也都会在群里随时解答大家遇到的问题，这样给人的感觉是每个人都不是独自在减肥，而是同大家一起，一起面对困难，一起迎接挑战，因而更易成功。

第40天

火爆中国的广场舞，为何越跳越胖

首先，通过之前的课程，大家应该明白，要想减肥必须运动，但不是什么运动都可以减肥，要想达到减肥效果，运动最好要持续40分钟以上，1小时最佳；其次，中等强度以上的有氧运动为主，再者是全身性的持续运动才可以。

而广场舞，因为它的强度很低，基本上很多人跳1~2小时汗也没有出多少，甚至很多人都没有喘气和累的感觉，这样就达不到运动减肥的效果。所以应该采用性价比高的运动，才会有更好的效果。

以心率为参考，减肥效果最好的心率应达到120~160次/分钟，这个心率强度算中等强度，但广场舞的动作太过舒缓，属于低强度运动，所以减肥效果不明显。

跳过广场舞的人都知道，广场舞大多姿势是横向移动，消耗很少，而且如果每天锻炼一样的姿势，身体适应了，那就瘦得更慢了，这时就需要换一种运动方式。

同时我通过和减肥营学员沟通交流发现，他们有些人在加入减肥营之前的运动就是跳广场舞，虽然强度不大，但心理上觉得自己运动了，于是就有弥补的心理，会产生饥饿感，回去再吃点零食。久而久之，体重反而可能会增加。

所以，跳广场舞更多的是带给大家精神层面的改变，是一种大家一起沟通交流的社交方式。为什么跳广场舞瘦得慢，还那么多人愿意天天跳，这就是社交以及环境给大家带来的积极作用。运动需要环境，如果无法跑跳且不需要减肥，只需要维持体重，那跳跳广场舞可以，总比不锻炼要好很多。但如果希望瘦十几公斤，坚持了一段时间广场舞发现效果不明显，你就需要换一种运动方式，且要注意饮食是否合理。

所以，运动没有好坏之分，关键看自己的目的，自己的目标以及自己的努力程度，我希望所有的朋友都可以在减肥道路上，积极努力，事半功倍，每天坚持！

第41天

独创减肥操，轻松快乐地减肥

搞清楚饮食后，我就正式开始结合自己的实际情况制定减肥运动计划。经历了之前那么多失败的教训，我确定了两个原则——量力而行和循序渐进。

首要一点是选择适合自己的运动方式。根据个人体质、年龄及运动习惯等，可以分别采用散步、慢跑、骑自行车、爬楼梯、登山、打球及游泳等使全身肌肉都得到锻炼的有氧运动。通过查询相关资料，我最终选定了跑步，其实最初我是在学校操场跑步的，但是后来发现我根本受不了。体重超标的人，室外跑步跑个 10 分钟，每次呼吸都感觉肺部疼得厉害，咳嗽都好像能咳出血，真的坚持不了。跳绳，谁可以连续坚持 40 分钟呢？至少我是不行。游泳我也不会。有人说饭后散步或者站着会有利于防止脂肪堆积，于是我开始饭后散步半小时，后来变成边看电视边原地踏步，再到后来变为原地跑步，我发觉也不累，还能出很多汗。所谓原地跑步指人原地踏步一样地跑起来，腿往上蹬，让全身处于类似跑步的状态，这样既不会太累也可以达到减肥的效果，习惯以后可以慢慢增加原地跑步的时间。于是，我在家里开始了原地跑步，一边跑步一边看我喜欢的足球、篮球比赛，当时 NBA（美国职业篮球联赛）正在如火如荼地进行，半小时过去了，我竟然两腿一软瘫在床上，觉得整个身体都轻飘飘的，天旋地转，再也不想起来了。减肥真的好累啊！但我清楚地知道，一定要咬牙坚持，男人就应该对自己狠一点，要不然我的减肥大业又得半途而废了。所以我就琢磨如何可以更轻松地减肥。也许是为了更轻松，也许是为了塑形效果更好，我就在原地跑的同时慢慢摸索独创出原地减肥操，比如瘦胳膊减肥操、瘦腰腹减肥操、瘦腿操、瘦脸操等。因为都是原地运动，没有弯腰、下蹲等动作，所以不会加重身体的局部负担；还可以塑形，快速瘦腿或瘦臀，而且可以增加关节的活动度，加强身体的柔韧性。长期坚持原地减肥操不仅可以起到减肥的作用，还能塑形，使身体曲线更加优美，精神状态也更好。于是我就选定了原地减肥操作为自己减肥的运动项目。

说到这，大家就清楚了，其实减肥不难，首先你要知道正确的饮食运动和生活习惯，最重要的是要有一颗坚持的心。我不建议每天跑步十公里，也不建议去健身房使用器械训练，因为这些都难以长久坚持。我之所以能 100 天减重 50 公斤，还帮助了减肥营数万学员减肥成功，靠的就是独创的原地减肥操这种相对轻松的运动方式，因为它可以事半功倍。

原地减肥操的优势是什么呢？

第一，减肥操是一项以锻炼腿为主的运动。

人的腿就像树的根。根好，树木才会茂盛；腿好，身体才会更健康。如果你平常注意观察，很容易发现那些健步如飞的老人往往都显得更有活力更健康，而疾病缠身的人，腿脚往往不太灵便，正应了那句老话，“人老先老腿”。

从身体结构来看，腿属于人体的下半部分。腿动起来后，身体的其他部分也很难保持静止。所以主流的减肥运动，大部分都离不开腿部运动，比如跑步、游泳、各种球类运动等。

跑步是最常见的减肥运动之一，但室外跑不仅受天气冷热的限制，还需要有合适的场地和时间，如果是一个人跑很容易因为枯燥坚持不了。像我当初体重 125 公斤的时候，即使天气、场地、时间条件都可以满足，我也无法坚持 40 分钟以上的跑步。达不到 40 分钟脂肪就还没开始燃烧，所以减肥效果必然不好。而原地减肥操，在原地跑步的基础上进行锻炼，不仅能锻炼到腿部以及其他部位，而且强度适中易坚持，所以减肥的效果极佳。

第二，减肥操是一项性价比高的减脂运动。

很多人减肥喜欢去健身房，而健身房的器械训练大多为无氧运动。如果不请私教，容易受伤而且训练不成体系、效果不好，请私教成本就太高了。而我的减肥营是线上教学，减肥操在家就能练，也不需要任何器械辅助，既不浪费时间又省钱，最重要的是减肥效果好。

第三，减肥操是一项全身运动。

之前给大家讲过，减肥需要进行持续 1 小时中等强度的以有氧运动为主的全身运动。有些运动着重锻炼局部，比如骑车、转呼啦圈。这些运动可以锻炼肌肉，但减肥效果并不一定好，而很多女性减肥又不希望长很多肌肉，所以减肥操这种全身运动才是优质的减肥运动。

第四，减肥操是有氧无氧互相结合的运动。

有氧运动更利于减肥，无氧运动更利于塑形。有氧运动为主无氧运动为辅的运动效果最好，瘦下来后皮肤也不容易松弛。练习减肥操时，不仅双腿要跑起来，适应跑步节奏后，上肢也要跟着腿相应地动起来。随着四肢越来越协调，腰部扭动、手臂摆动、肩颈舒展，全身各个部位都要跟着节奏动起来。在瘦全身的同时，加大特定部位的运动量，也会达到瘦腰腹、瘦胳膊、瘦脸、瘦腿的效果。很多减肥营的学员反馈，练习几个月减肥操，不仅瘦了、形体更美了，还面色红润、皮肤更有光泽更紧致了。所以，爱美的你还等什么，快来做减肥操吧！

第五，减肥操不易受伤。

很多运动容易受伤，抛开极限运动不谈，即使是爬山、各种球类运动等也容易让人受伤或感到疼痛。一些人的疼痛是刚开始锻炼、身体没有适应而引起的，还有一些是运动强度太大、身体承受不住受伤造成的。我的减肥营里30岁以上的女性比较多，她们的身体机能已经在走下坡路，很多人报名前就有了三高、滑膜炎、腰椎间盘突出或者经常膝盖痛等，我一般让她们锻炼时穿一双舒适的鞋或者脚下垫个舒服的垫子，以减少缓冲力，而且减肥操没有弯腰、下蹲的动作，对腰部、膝盖的伤害基本没有，所以很多五六十岁的女性都可以完成锻炼。

第六，减肥操简单易学，轻松有效。

自从我减肥成功创立了减肥营，至今已帮助数万学员减肥成功，我发现减肥其实是一件能上瘾的事，为什么这么说呢？因为我的很多学员，最开始需要

有氧运动

我来督促、指导、鼓励，而当他们练习一段时间减肥操，掌握了适合自己的饮食方法，看着每天体重秤上的数字都在下降，自然而然地就对减肥上瘾了。上瘾的具体表现：每天准时守候着跳操，一天不练减肥操浑身难受；吃了什么认真记录，还学会了自我分析，天天在群里讨论吃什么最减肥最健康。即使是产后的全职妈妈或者忙碌的上班族，也不再以忙、没时间为借口，因为他们通过努力并获得体重下降这样看得见摸得着的回报，所以越减越开心、越减越有信心。当减肥成为一件令你愉悦的事，减肥想不成功都难啊！

现在大家是不是跃跃欲试了？接下来给大家讲讲减肥操的一些注意事项和要领。

从时间上来说，每天坚持 1 小时左右最佳，也可以从 40 分钟开始慢慢循序渐进。

我们的减肥操都是在原地跑的基础上完成的，所以刚开始的学员第一周锻炼原地跑即可，至于原地跑的姿势，其实没有严格规定，只要双手摆动的幅度正常，脚下垫个软垫子，比如瑜伽垫，或者穿一双舒适的鞋就可以。保持上身挺直，我当初是脚尖着地，后脚跟抬起来，腿稍微分开一些来跑，觉得比较舒服轻松。每个人情况不同，大家只要觉得舒服就可以。当你感觉累的时候，可以降低配速，1 分钟后，你需要继续原地快速跑来提高心率，增加运动强度。如果感觉上气不接下气，可以停下来喘口气，休息一下再接着慢跑。所以原地跑是个变速跑的过程。练习时，应根据个人情况来决定原地跑配速，只是在锻炼中千万不要因为接电话或其他事情而中断，如总是锻炼一会儿停止一会儿，那等于反复重新开始锻炼，效果很差，要真正地连续坚持锻炼 1 小时才算最佳。

减肥操
跳起来

练习减肥操时，夏天应关闭空调和窗户，一个是防止感冒，另一个是可以让汗出透。并且在家里锻炼，环境好、人比较放松，也不受外界天气、空气质量等的干扰。

原地跑最为关键的，是刚开始跑步的时候。速度不要过快，要缓慢平稳地进入状态。最开始跑步的 5~10 分钟，我把它叫作热身阶段。这一阶段要调整好呼吸节奏和步伐频率，将身体的各个部位充分地活动开。只有将准备活动做得充分了，接下来 50~55 分钟的跑步活动才能顺利地进行，在跑步过程中才不会给身体造成危害。

减肥运动的精髓是每天坚持锻炼，不是冲速度。一开始原地跑的时候，如果速度过快、没有热好身，很容易造成身体的损伤。若你心血来潮总想一开始猛跑以一口气吃成个胖子的心态去减肥，那么一定是三天打鱼两天晒网、事倍功半。

我的减肥心得就是，运动不能抱着一口气吃成个胖子的心态，不能急功近利，要循序渐进，持之以恒。尤其是一些老年人，年龄大、体质差，我们可以从原地踏步开始，通过做上半身的减肥操来找到适应的节奏，然后每周去增加一些时间和强度循序渐进即可。具体每个人情况不同，应根据自己的身体适应程度来安排运动计划，不要着急。

每天运动的前 10 分钟就是原地慢跑让身体微微出汗，10 分钟后可以通过减肥操来增加运动强度和乐趣。一般每个动作做 3~5 组。减肥营的学员通过视频学习做操，一周以后大家不觉得累了，就可以练习不同的姿势了，否则一直维持一个姿势慢慢就会遇到平台期，所以我的减肥操每周更新，每周都会有新的动作，比如瘦胳膊、瘦腰腹、瘦腿的减肥操，保证事半功倍。很多瘦全身的动作是在原地跑的基础上结合局部瘦身的动作，因为如果一直原地跑，就不如跟着做操效果好。所以每天 1 小时中 40 分钟就是做动作，这个动作很重要，减肥营的减肥操每周动作都不一样，这样大家就可以避免平台期的出现。最后 10 分钟就是恢复原地跑，慢慢调整自己的身体。

在匀速跑 10 分钟后，开始做操。其中也有一些经验，比如我们的双手可以上下垂直运动，这样可以让上肢得到充分的运动，帮助胳膊和上半身减脂。比如跑步过程中腿抬得高一点，这样可以更快地瘦腿。原地跑步时，双腿向左右循环摆动跑 5 分钟，然后前后循环摆动跑 5 分钟，每天做 1~2 组可以有效瘦腿。因为腿部左右和前后摆动呈十字形，我称其为十字瘦腿法。比如跑步过程中头向上仰 45 度可以瘦脸，3 分钟后我们可以轻微拍打自己的脸部，促进脸部脂肪消耗，这些都是瘦脸操的动作要领。

之前我们说过合理饮食、适当运动是减肥的正确方法，但有些人会说：我不喜欢运动怎么办啊？ 那是你没有找到一个轻松的运动方式，没有找到一个正能量的运动环境。

如果不运动，就不要开始减肥，因为运动加合理饮食是唯一健康的减肥方法。运动的目的不仅仅是减轻体重，更可以提高体质、紧致皮肤。所以，抛开减肥这一因素，如果你希望长寿，如果你希望健康不得病，那么必须从今天开始运动。如果你肥胖或者超重，你必须要比别人更积极更主动地运动。那么如何从心里让自己爱上运动呢？

首先，想想锻炼后你会体型优美、身体健康、活力四射、容光焕发。至少我

原地慢跑
十分钟

发现我的学员减肥成功后，大家对他们的评价都是“年轻了好几岁”“脸色气色很好”。

其次，选择一天中你最喜欢的运动时刻。有人喜欢晨练，有人喜欢临睡前运动，总之你的感觉告诉你，这些时间是你最好的运动时间。

再次，不断更换运动内容，不让运动变得枯燥乏味。制订一个切实可行的运动计划，它会明确地告诉你，什么时间该做什么运动，并会帮助你长期地坚持下去。

最后，适当奖励自己。今天你增加了运动时间或加大了运动量，或者减去了一些体重，那么就给自己一个小礼物，比如一张电影票或者一个可爱的小围巾。但千万记住，礼物不要买一大堆零食，也不要去餐馆胡吃海喝。

由此大家可以发现，很多人不爱运动不是不知道运动的好处，而是没有掌握正确的运动方式，感受不到运动的喜悦。很多人以为运动很枯燥很累，其实只要我们调整好心态的同时，找到自己爱好的运动，一定可以事半功倍。因为做喜欢的运动会令人快乐。比如我喜欢打篮球，我的小区附近有个篮球场，天天有一群人早晨六点就开始打球，冬夏无阻。因此要将爱好与健身糅合在生活中，不一定要为了减肥刻意锻炼，也不一定要刻意去健身房锻炼。生活中有很多运动机会，只要注意把握，一样有很好的效果。

同时最好选择结伴运动。我一直认为，运动不是一个人的孤单，而是一群人的狂欢。

我有一个学员小马，报名减肥营之前体重八十多公斤，产后一直没有恢复，每天很抑郁。她参加减肥营后，我和大家一起鼓励她。正好减肥营里有一个她的老乡小吴，和她组成了一个减肥小组，互相PK。小吴每次发现小马上课了，就会发个小红包奖励一下，微信群里也@她告诉她坚持很棒，其他学员也经常给小马以鼓励。只要她提出饮食和运动的问题，我也会积极回复，给她定制一些饮食运动方法。就这样，在大家的帮助下，她改变了懒惰不自信的毛病，入群4个月瘦身27.5公斤，成功从80公斤瘦到了52.5公斤。

目前成功瘦身的小马变身超级美女，自信满满地拍摄了写真。在群里喜欢经常晒自己的照片激励其他新学员。经过这次减肥她更深刻地明白了任何事情都需要坚持才能成功，而且她还向新学员分享自己的减肥秘籍：融入大家，结伴减肥。通过大家互相鼓励监督她才坚持了下来。她还主动建了一个小群，只要减肥营里有和她过去一样有减肥意志不坚定需要监督的学员，她就会进行激励指导。减肥成功后的小马自信地当起了义务老师，这样的学员也成了减肥营里一道独特的风景。

目前，小马最大的爱好就是运动，甚至到了痴迷的地步。虽然已经瘦下来了，但她为了健康，为了保持体重，每周还是抽空上2次减肥操课程。减肥营里很多学员看到小马来了后都表示“看到你，我们更有动力了”。

通过这个例子我想告诉大家，每天在一个固定的社交圈里晒出自己三餐的

减肥前
减肥后

照片，包括自己早晨空腹体重，或者加入一个集体通过互相监督、鼓励，时刻保持“苗条意识”，使自己更有动力坚持下去，这就是社群对于减肥的重要性。

我减肥成功后招收了很多学员，我发现组团减肥的成功概率比自己单独锻炼高不止一倍。很多人失败的原因就在于自己松懈拖延后没有人严厉负责地监督指导。减肥是一个需要投入意志与努力的长期过程。因为一方面，减肥者在减肥过程中面临着诸多诱惑。而团队能够提供抗拒这些诱惑的心理支持。而另一方面，人们在社会生活中倾向于通过比较来不断更新自己的目标和计划。团队成员之间相互比较而引发的竞争心态提供了成员不断减肥的动力。

减肥不是一个人的孤单
而是一群人的狂欢
TV
小云
#减肥打卡
完成丨今日早餐
完成丨晨间运动

第42天

保持体重不反弹，一生的事业

瘦身成功后，很多人会认为终于可以解脱了，不用再继续吃苦受累了。往往这个时候，稍不留神，就会功亏一篑。很多人下了很大的决心，花了很多精力来减肥，但减肥后的反弹让很多人丧失了信心和勇气。

为什么减肥成功后容易反弹？如何保持体重不反弹？减肥后需要注意些什么？

先来看减肥后体重反弹的三个原因。

第一，有的人认为瘦身成功后体重会自然保持。其实，这只是一种偷懒的想法，也是一种理想主义的想法。大多数人只是在坚持瘦身的这一段时间，体重会降下来，一旦停止努力，体重又回到原来的水平，甚至还有可能反超。所以减肥难在保持体重不反弹。瘦身成功之后，不能停止运动、胡吃海喝。

第二，减肥期间用了不健康的方法。例如吃减肥药、吃减肥食品、节食、断食等。节食过程中极有可能诱发暴饮暴食，之后又会产生罪恶感，接着新一轮的减肥大作战又拉开帷幕……这样体重升升降降会导致身体的基础代谢率下降。因此，光靠节食、吃药来减肥的人很容易反弹。

第三，没有瘦到标准体重。很多人减肥瘦二三十斤很轻松，但没有瘦到标准体重，就觉得大功告成，继而反弹。请记住，减肥一鼓作气再而衰三而竭，我们既然开始减肥，就要一鼓作气瘦到标准体重。

那么，该如何保持瘦身之后的体重呢?

第一，定期称体重。即使减肥成功，我也建议大家每周至少称一次体重。每周我们根据自己的体重来决定饮食和运动方案。大家千万不要在减肥成功后就放飞自我，任由体重上涨或者以为体重会自我保持。我减肥成功后也每周称体重，如果发现自己体重上涨超过 1.5 公斤，就立马多运动多注意饮食。

第二，维持饮食、运动的平衡。掌握科学的运动与饮食方法、维持运动、饮食平衡很重要。我瘦身成功也就是 100 天减 50 公斤之后，也怕反弹。所以我在减肥成功后又花了差不多 3 个月时间保持体重。这是很多人忽视的一个阶段，这段时间我没有立刻停止运动，只是逐步减少锻炼的时间、降低锻炼的强度。

比如，减肥成功后的第一个月，我将运动强度调整为每周 5 次、每次 1 小时。减肥成功后的第二个月，运动强度调整为每周 4 次、每次 1 小时；减肥成功后的第三个月，每周 3 次、每次 1 小时。如果这 3 个月体重出现 1~1.5 公斤浮动基本是正常的。减肥成功后 3 个月至今，我为了保持体重，依然保持每周 2 次每次 1 小时的中等强度的运动。这不是为了减肥，而是为了保持体重，为了健康长寿。

第一周：47kg
第二周：46.6kg
第三周：48.9kg
第四周：46.2kg
第五周：
第六周：
定期
称体重

减肥成功后，饮食上虽然没有减肥期间那么严格，但仍然要避免油腻饮食。保持体重阶段注意低油低脂，如果偶尔饮食摄入热量过高，就要通过运动来多消耗。

减肥后只要发现自己体重在标准体重 2.5 公斤以上，就立马恢复减肥模式，抓紧开始运动、控制饮食，短期内将涨上去的 2.5 公斤减下去，千万不能有“无论涨几斤都放任自流，过几天会自然变瘦”的愚蠢心态，否则会越来越胖。

最后一个小窍门就是每天坚持记录饮食日记，把自己的三餐和每天早晨的体重记录下来并进行分析。这样可以起到监督的作用，也可以锻炼自己的毅力，特别是对于正在减肥的人，每天坚持记饮食日记是很有必要的。

第三，保持好心态，及时止损。有的人觉得减肥就像做苦行僧，毫无乐趣。那是你没有学会品味健康食材的“美味”：通过吃清淡的食物，你可以品味到食材本身的味道，唤醒你早已被香精、辣椒、盐等调味品蒙蔽的味蕾。有的人觉得减肥很难，其实你应该这样想，无论做什么事情，没有人能够随随便便成功，想保持好身材自然需要付出努力。你想得到什么，必然需要用另外的东西来换。正如你想得到好身材，就需要汗水来换。

总之，我们千万不要沿袭过去肥胖的生活习惯，减肥只能通过合理饮食、适当运动，不要相信有任何捷径可走！别偷懒，别给自己太多的借口！胖就行动，瘦下来就保持。

要相信，减肥成功只是时间长短的问题，每个人体质不同，年龄不同，但无论是谁，要想健康减肥，必须合理饮食适当运动，除此之外别无他法。

“胖”友们，在减肥的道路上，只要保持适当的运动、健康的饮食，加上

	周一	周二	周三	周四	周五	周六	周日
早餐	南瓜粥+玉米						
午餐	白灼虾 +清炒豆芽						
晚餐							
体重	70kg						

永不言弃的决心，就一定可以成功。你要相信，你从来都不是一个人在战斗。在减肥的道路上不光有你、有我，还有我们大家一起并肩战斗，一起创造奇迹。

最后祝愿看到本书的所有读者，所有努力减肥的人，所有有瘦身梦想的人，都能在今年减肥成功。大家加油!

我们一起并肩战斗！

附录

我的真实减肥故事

小时候，我最大的爱好就是吃。那时候，爸爸妈妈工作很忙，上班的地方离家很远，中午回不了家，就把我放在了奶奶家，让奶奶照顾我。奶奶一向很疼爱我，总是买很多很多的零食放在家里让我吃，每天中午都给我做各种各样的饭菜，十分可口，每次吃得我的小肚子总是圆圆的。爸爸因为工作的关系，有时会去全国各地出差，每次出差回来一定会带一大包当地的特产给我吃，比如北京的焦圈、蜜麻花、豌豆黄、艾窝窝，上海的蟹壳黄、南翔小笼馒头、小绍兴鸡粥，天津的嘎巴菜、狗不理包子、耳朵眼炸糕、贴饽饽熬小鱼、棒槌果子、桂发祥十八街麻花、五香驴肉等。每次都够我吃大半个月的。父母因为不经常在我身边，生怕我营养不良，任何值得庆祝的节日，他们都会带我去饭店撮一顿。小学时早餐是学校统一搭配的，但我从来不吃学校的，因为我父母从来不会放过一日三餐的任何一餐给我“大补”，而我的消化能力又超好，而且食量还很大。去了亲戚朋友家，大家看我那么喜欢吃，都说“再吃点吧，正在长身体，没事”。于是乎，我可真的长了身体，长成了庞然大物。

我接连不断地创造奇迹，从一次可以吃五根雪糕，一次一个西瓜，一次五个汉堡薯条，到可以一次吃六十个饺子。我征服食物的战绩每年都在刷新着，我关于童年的记忆基本上都是与吃有关的。

当时，家里生活条件不算富裕，但也不穷，所以不存在温饱问题。可能是我有一种对食物或者零食倍有好感的天性和本能，让我一看到零食，就会有种莫名的亲切感，大到饼干、火腿，小到干脆面、萝卜丝、花生等，都是我的最爱。

与对零食的通吃比起来，吃饭我就比较挑食了。我虽然胖，但是不喜欢吃肉，爱吃油多的素菜，而且油越多越喜欢，因为油多的东西很香很有滋味。肉类食物里，我最爱吃猪肉，因为鱼肉吃起来还要挑刺，挺麻烦的。小时候吃鱼还卡住了一次，送去医院了，因为年龄小被吓得哇哇大哭，直到鱼刺被取出来才停止哭泣，以后便再也不敢吃鱼了，真是“一朝被蛇咬，十年怕井绳”，所以我对鱼肉有点恐惧，觉得不如猪肉那么实在，肥肥香香的。

说到猪肉，我最喜欢吃五花肉，因为五花肉是一层肥肉加一层瘦肉，有肥有瘦，吃起来不腻，而且很香。红烧五花肉和东坡肘子，一直伴随着我成长，成为我童年不可磨灭的记忆。无数次家里的饭桌上，红烧五花肉和东坡肘子基本上被我包了，妈妈看我那么爱吃，每次就做很多给我吃。此外，鱼香肉丝、焦熘丸子也是我的最爱。而且，我记得有个亲戚在学校后勤食堂，当时对我特别好，饼子每次都给我最大的，饭也堆得像小山峰似的，每次我都吃得很撑。当时就只顾着吃，根本不懂事。没有意识到暴饮暴食热量高，不懂什么健康，什么卡路里，只知道美食是一种享受，很喜欢那种征服食物的感觉。

2004~2008 年大学四年，我每天就是教室、宿舍、食堂三点一线，去食堂的次数比去宿舍和教室都多。我清晰地记着当初在大学时，我依然和小时候一样爱吃，每天早晨第一个去食堂，为的就是怕迟到后我喜欢吃的包子、蛋炒饭没了。2004 年前后当时的食堂一个肉包子才 5 角钱，我一买就是 8 个，中午、晚上也最少吃半斤米饭，而别人都是 2 两或 3 两半饭。而且因为南京天气炎热，食堂人又多，于是冷饮成了我每天必须买的东西。每天晚上 10 点左右，宿舍还有个老大爷天天卖茶叶蛋、糖酥饼、咸酥饼等夜宵，我一样也没落下。

至于每个假期回家，我更是饿虎扑食一样地吃东西，毕竟家里的饭菜比学校的更好吃，更合胃口，所以每个假期体重都涨 5~10 公斤，直到 2007 年的暑假，我终于胖到了 125 公斤。9 月开学时，我才发现暑假回家时还能用的裤带已经小了很多（假期在家没有系裤带）。我赶紧去买裤带，可是都没有那么大的。我三姑听说这个事情后，说他家附近有个卖大裤带的，于是就买了一条送到我家。其实在我过去的人生经历中，裤带都撑断了好几条，我的衣服从来都买不到，都需要去定做。

有一次，我去我姨家做客，姨的一个朋友看见一百二十多公斤的我就像看到了外星人一样激动，说：“啊，你外甥怎么这么胖啊，我都没见过这么胖的人，这样以后怎么娶媳妇？”我听后相当难受。还有一次，我喜欢打篮球，但我去我们小区的篮球场打球，没有人愿意跟我一队，没人要我，因为他们都觉得加了我等于少个球员，因为我跑不动。

尽管如此，我并没有意识到肥胖有多么不好、多么可怕，因为身边人没有人嫌弃我，同学们都觉得我可爱，我也心宽体胖，每天都很快乐。我爱笑，爱和大家一起玩，那时的我是天真的。

直到有一个学期刚开学，我们学校仅次于我的全校第二胖（一百一十多公斤）开学没有来，我就很好奇地到他们宿舍问他的舍友，舍友告知我，他家长给他办理休学了，因为他假期发现得了糖尿病、脂肪肝，血压也高，尿酸也高，医生建议先减肥。他父母为了他的健康强制他休学了。而且因为他之前多次减肥失败，这次他父母竟然提议要给他做缩胃手术。

我听到后很震撼，那是我人生中第一次因为肥胖而感到害怕。我脑海里瞬间想到如果我日后不减肥，会不会有一天我会和他一样？这也是我有生以来第一次要下定决心减肥。

于是第二天我就制订计划去操场跑步 1 小时，而且打算中午和晚餐都只吃黄瓜、西红柿，就这样我坚持了 5 天，在这 5 天，我体重总是反复，吃多了就上涨，节食就下降，于是 5 天后，这次减肥被我放弃了。

我自己总结了一下，这次失败的原因是方法不当且目标没有那么明确，也就是没有具体目标，并且我也没有真正从科学的角度很好地做减肥记录，以至于我并不知道具体吃什么体重会上涨，除了黄瓜、西红柿之外还可以吃什么减肥。

之后，我又尝试了几次减肥，走了几次弯路，每次失败都让我认清了一些事实，不断失败、不断总结、不断实践。

直到后来，2008 年我 100 天成功减重 50 公斤之后，我才明白要想减肥成功且保持体重不反弹，既要合理控制热量摄入，也要增加热量消耗。也就是说，如果不能把运动加到你的减肥计划里，或者你不能养成很好的饮食、运动、生活习惯，请不要开始减肥，因为根本不会成功！

所以，本书除了告诉大家我的减肥方法和经验之外，我也把我自己过去那不堪回首的岁月分享给大家，告诉大家不光要明白什么是对的，也要明白什么是错的，也希望大家通过我的分享，少走弯路。如果你也和曾经的我一样又爱吃又懒惰，我只希望你早日努力，避免日后后悔没早点减肥。所以，请大家学习 2008 年后那个阳光、自信、努力的张长青，因为 2008 年后我终于明白了，生命只有一次，我只求健康！